看图学艺

服装篇

U0342639

TUJIE
NUZHUANG
JIEGOU
SHEJI
100 LI

图解

女装结构设计 100例

王雪筠　申鸿　王丽霞　著

化学工业出版社

·北京·

《图解女装结构设计100例》从人的形体因素及运动要求出发，结合日本文化式原型，包括了女装结构设计的基本思路与流程，人体测量的基本方法，原型的结构设计原理，通过100个女装案例，详细讲解经典女装款式与流行时装款式的纸样设计的基本原理与方法，使学习者除了能进行常规女装的结构制图，并能对各种变化女装的结构进行分析与设计，还能够分析常见的女装弊病且提供可行的弊病修正方法，全面掌握女装纸样设计的变化规律与趋势。

全书内容通俗易懂，图文并茂，理论与实践结合，可作为服装结构设计的技术参考读本。

图书在版编目（CIP）数据

图解女装结构设计100例/王雪筠，申鸿，王丽霞著.
北京：化学工业出版社，2017.10
ISBN 978-7-122-30482-7

Ⅰ. ①图…　Ⅱ. ①王…②申…③王…　Ⅲ. ①女服-结构设计-图解　Ⅳ. ①TS941.717-64

中国版本图书馆CIP数字核字（2017）第206204号

责任编辑：陈　蕾　　　　　　　　　　装帧设计：尹琳琳
责任校对：宋　夏

出版发行：化学工业出版社（北京市东城区青年湖南街13号　　邮政编码100011）
印　　装：三河市延风印装有限公司
787mm×1092mm　1/16　印张17¼　字数428千字　2018年1月北京第1版第1次印刷

购书咨询：010-64518888（传真：010-64519686）　　售后服务：010-64518899
网　　址：http://www.cip.com.cn
凡购买本书，如有缺损质量问题，本社销售中心负责调换。

定　　价：68.00元　　　　　　　　　　　　　　　版权所有　违者必究

图解女装结构设计100例

前言

　　服装结构设计是服装设计到服装加工的中间环节，是实现设计思想的根本，也是从立体到平面转变的关键所在，可称之为设计的再设计、再创造。它在服装设计中有着极其重要的地位，是服装设计师必须具备的业务素质之一。

　　传统的比例裁剪，使用经验公式计算，在很多服装细部都采用经验的定数，没有考虑人的形体的因素与运动要求，这样的方法已经不适应现在的服装结构技术的要求。本书考虑人的因素，结合日本文化式原型，包括了女装结构设计的基本思路与流程，人体测量的基本方法，原型的结构设计原理，通过100个女装案例，详细讲解经典女装款式与流行时装款式的纸样设计的基本原理与方法，使学习者除了能进行常规女装的结构制图，并能对各种变化女装的结构进行分析与设计，还能够分析常见女装弊病且提供可行的弊病修正方法，全面掌握女装纸样设计的变化规律与趋势。全书内容通俗易懂，图文并茂，理论与实践结合，可作为服装结构设计的技术参考读本。

　　本书的统稿工作由重庆师范大学王雪筠完成。第一章与第二章的写作与服装结构图由四川大学申鸿完成；第四章、第五章写作与服装结构图由重庆师范大学王雪筠完成；第八章的写作与服装结构图由四川大学申鸿和重庆师范大学王雪筠共同完成；第三章、第六章、第七章的写作与服装结构图由攀枝花学院王丽霞完成。本书的服装效果图绘制由四川大学杨若曦、张画画、许天宇、沈晓凤完成，感谢四川大学史玉媛、李杨、李琳媛在本书写作过程中提供的帮助。

　　本书为重庆市高等教育学会2015—2016年度高等教育科学研究课题项目(CQGJ15358C)的研究成果之一。

　　本书在编写中有不足之处，恳请读者批评指正。

编著者

图解女装结构设计100例

目 录

第四章　单衣结构设计　　　　75

①
衣身原型与省
道转移变化

②
结半
构身
设裙
计的

③
结连
构衣
设裙
计的

④
构单
设衣
计结

⑤
构外
设套
计的结

⑥
构大
设衣
计的结

⑦
构背
设心
计的结

⑧
构裤
设子
计的结

附
录
化式原型
日本文

一、衣身原型形成的原理

女人体的上身是由胸突、肩胛骨突出、腰部凹进等形成的不规则的立体结构。布料是平面结构，以胸围尺寸为依据，覆盖于人体上身，会有大量与人体不服帖的部分。除去多余的布料，不服帖的部分形成省道，塑造了人体的立体结构，见图1-1。

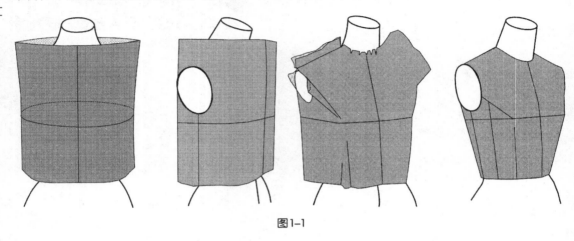

图1-1

二、省道转移的原理

前片的省道围绕BP点，360°方向都可以转移（见图1-2）。省道的度数相同，所塑造的立体效果也相同。

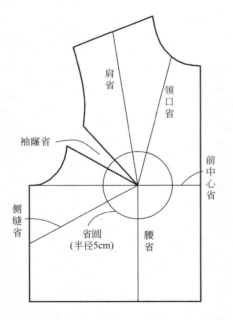

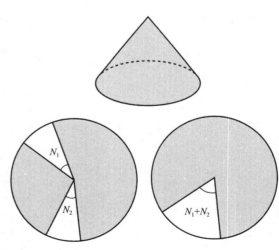

图1-2

三、省道转移设计

（一）胸省的转移（见图1-3，图1-4）

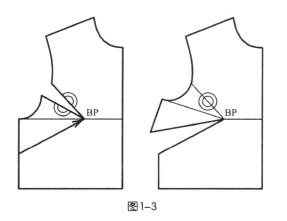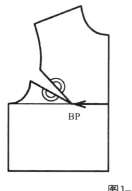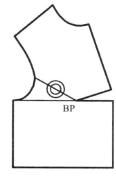

图1-3

图1-4

（二）肩胛骨省道转移（见图1-5，图1-6）

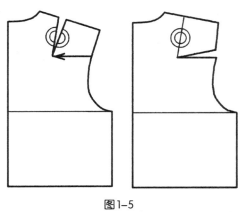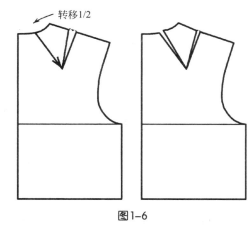

转移1/2

图1-5

图1-6

① 衣身原型与省道转移变化

② 半身裙的结构设计

③ 连衣裙的结构设计

④ 单衣结构设计

⑤ 外套的结构设计

⑥ 大衣的结构设计

⑦ 背心的结构设计

⑧ 裤子的结构设计

附录 日本文化式原型

（三）省道的款式展开

1. 转省道为分割线（见图 1-7）

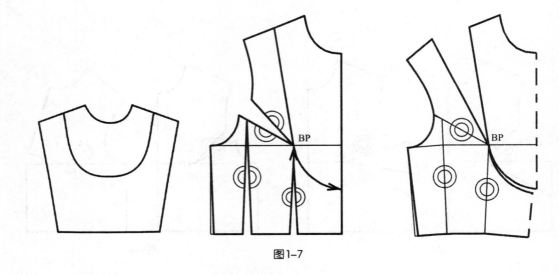

图1-7

2. 转为多个省道（见图 1-8）

多省的省尖点必须在以BP为圆心、5cm半径的省圆范围内。

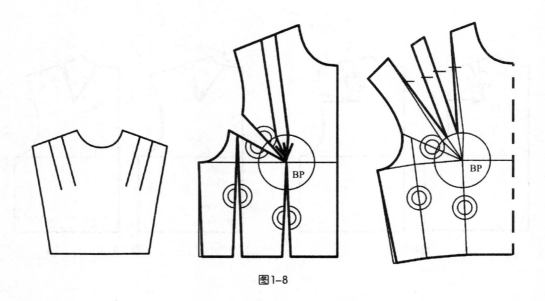

图1-8

3. 变省为褶（见图 1-9）

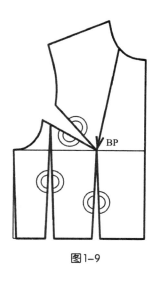
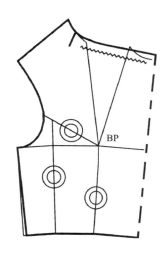

图1-9

4. 省道放开（见图 1-10）

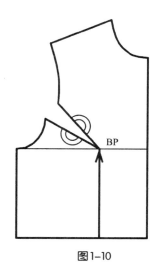
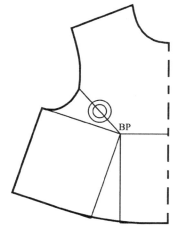

图1-10

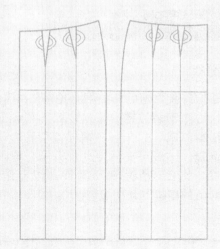

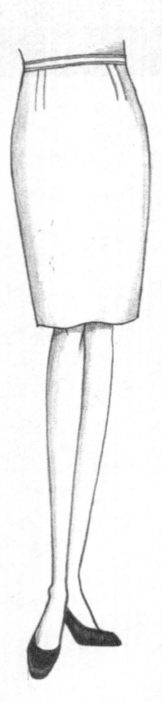

一、款式一（裙原型）

1. 款式分析

这是一款最为基础的裙型（见图2-1），裙身直筒，后中安装拉链。可以以此为基础变化出各种裙型款式。裙长可以根据流行和个人爱好自由选择，一般可在后中处加开衩，增加裙下摆长度，方便迈步。裙子为臀部以上贴体，臀围给4cm的基本运动松量。

2. 规格

号型	腰围（W）	裙长（L）	臀围（H）
160/68A	68cm	60cm	94cm

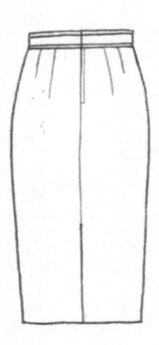

图2-1

3. 结构制图（见图2-2）

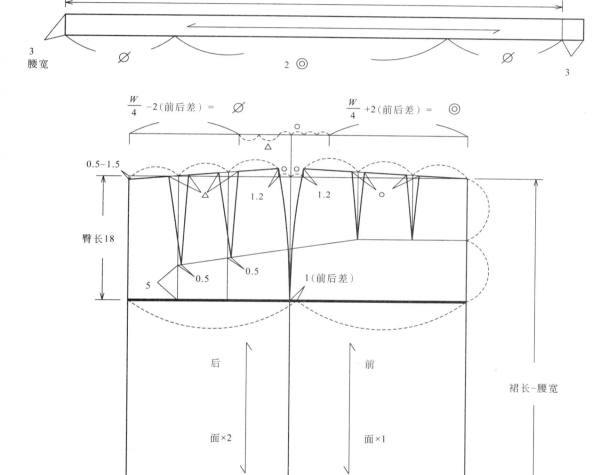

图2-2

二、变化裙的结构设计

（一）款式二

1. 款式分析

此款为中腰波浪裙（见图2-3），前腰部位为规则的褶，后腰部位为抽缩的碎褶，形成大摆裙型。

2. 规格

号型	腰围（W）	裙长（L）	腰头宽
160/68A	68cm	65cm	3cm

图2-3

3. 结构制图（见图2-4）

- 裙子为中腰款，腰部合体，其余部位尺寸由裙型决定，可以直接进行裙片的绘制。
- 前片为8个规则褶裥，均匀分布。
- 后片有抽缩的碎褶，半身制图，在 $W/4$ 的基础上加上褶量，即得后片。
- 最后绘制腰头，其中前部腰头是腰围的合体尺寸，后部腰头有抽缩的量。

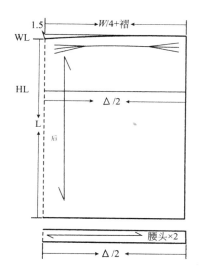

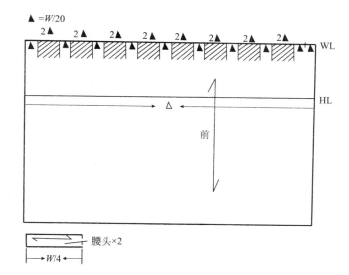

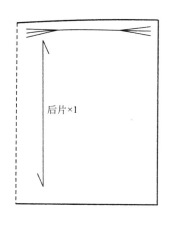

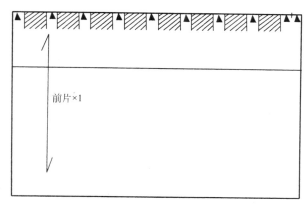

图2-4

① 遵转移变化
衣身原型
身原型与省

② 半结构
身裙设
裙的计

③ 连结构
衣裙设
裙的计

④ 单构
衣设计
结

⑤ 外构
套设计
结

⑥ 大构
衣的计
结

⑦ 背构
心设计
的结

⑧ 裤构
子设计
的结

附录
化式
日本文原型

（二）款式三

1. 款式分析

此款为长款的圆裙（见图2-5），裙摆超大，用悬垂材质，形成漂亮的褶皱，腰部有松紧，在前中抽缩。

2. 规格

号型	腰围（W）	裙长（L）	腰头宽
160/68A	68cm	90cm	3cm

3. 结构制图（见图2-6）

● 圆裙，选择90°裙片，分四片。

● 腰部抽褶，所以腰围线含有松量。下摆线在斜向45°易变形，所以缩减4cm长度，以保持下摆水平。

● 由于为中腰，腰头绘制为长条形即可，加入前部抽缩的褶量。

● 由此得到最终样板。

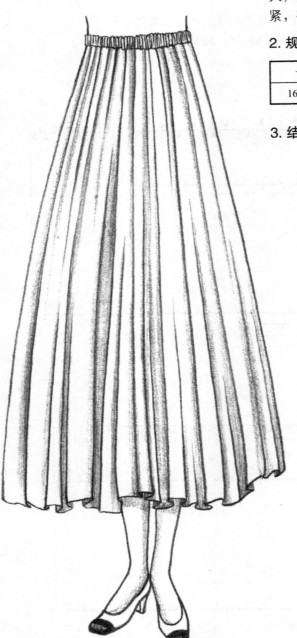

图2-5

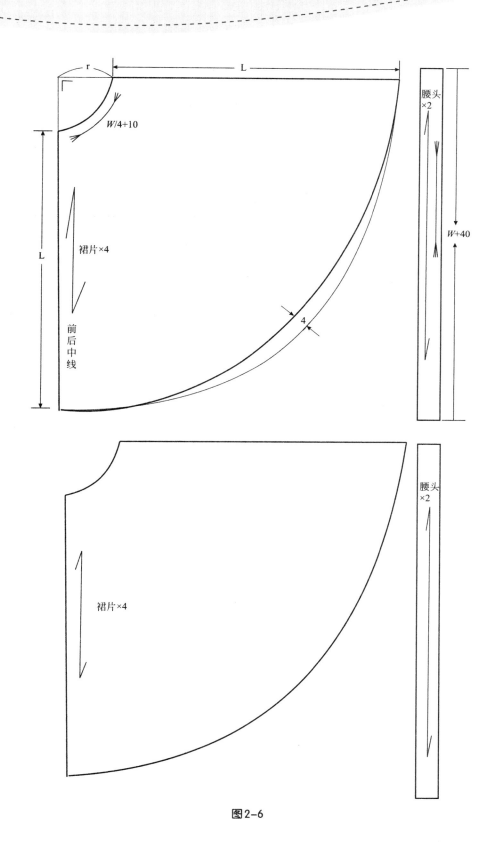

图2-6

① 衣身原型与省 道转移变化

❷ 半身裙的 结构设计

③ 连衣裙的 结构设计

④ 单衣的 结构设计

⑤ 外套的 结构设计

⑥ 大衣的 结构设计

⑦ 背心的 结构设计

⑧ 裤子的 结构设计

附录 文化式日本原型

（三）款式四

1. 款式分析

此款为腰部合体，短款，裙身一周为大小相等均匀分布的褶裥，俗称百褶裙（见图2-7）。

2. 规格

号型	腰围（W）	裙长（L）	腰头宽
160/68A	68cm	50cm	4cm

3. 结构制图（见图2-8）

- 由于裙子腰部合体，臀围下摆的尺寸，由裙型决定，所以可以直接绘制裙片。
- 左右对称只需半身制图，构建以二分之一腰围和二分之一臀围为上下底的梯形，然后均匀拉展出7个褶裥。
- 绘制腰头，得到最后的样板。

图2-7

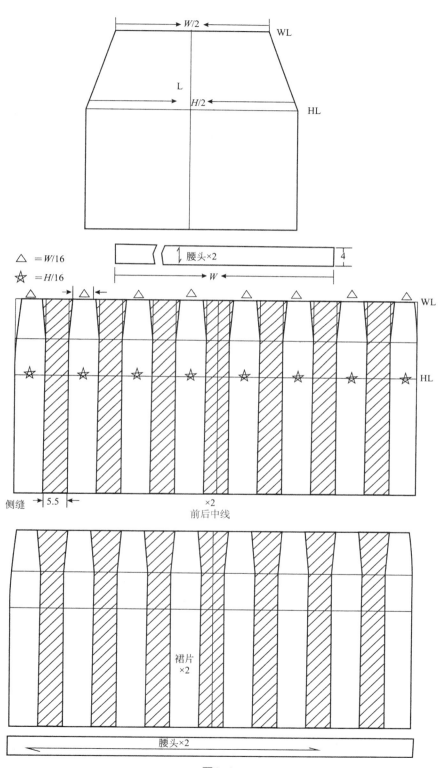

图2-8

①
衣身原型与省
道转移变化

②
半身裙的
结构设计

③
连衣裙的
结构设计

④
单衣
结构设计

⑤
外套的
结构设计

⑥
大衣的
结构设计

⑦
背心的
结构设计

⑧
裤子的
结构设计

附录
化式原型
日本文

（四）款式五

1. 款式分析

此款为连腰的裙型（见图2-9），即腰头和裙片连成一体。裙片扇形展开，形成波浪。

2. 规格

号型	腰围（W）	裙长（L）
160/68A	68cm	48cm

3. 结构制图（见图2-10）

- 裙子为左右对称结构，选用半身制图。
- 将裙原型上的腰省合并，下摆顺势展开，同时将腰线上移2cm，形成连腰结构。
- 修顺前后片轮廓线，得最终纸样。

图2-9

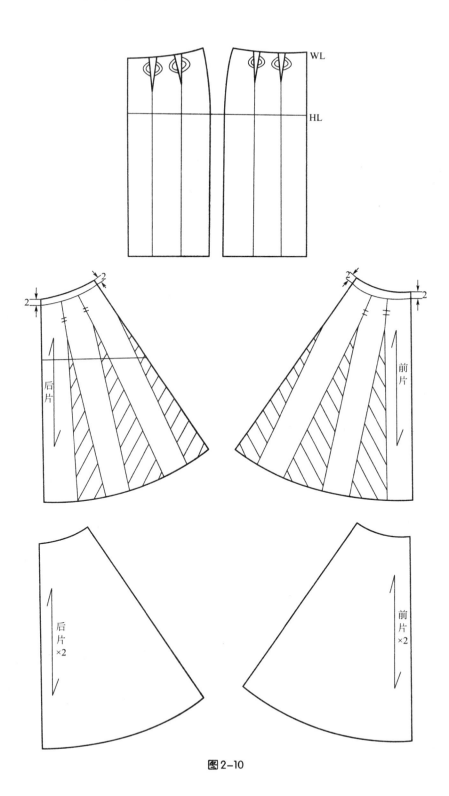

图2-10

① 衣身原型与省道转移变化

② 半身裙的结构设计

③ 连衣裙的结构设计

④ 单衣的结构设计

⑤ 外套的结构设计

⑥ 大衣的结构设计

⑦ 背心的结构设计

⑧ 裤子的结构设计

附录 化式原型日本文

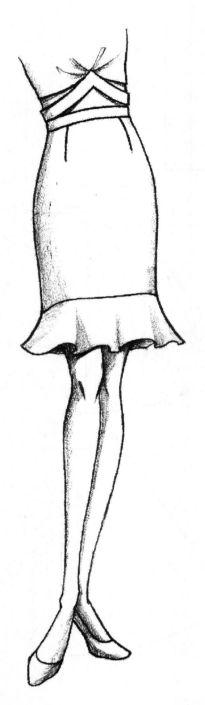

（五）款式六

1. 款式分析

此款为低腰的裙型（见图2-11），裙子腰部有两个省，下摆有荷叶边。

2. 规格

号型	腰围（W）	裙长（L）	臀围（H）	腰头宽
160/68A	68cm	55cm	94cm	3cm

3. 结构制图（见图2-12）

- 裙子左右对称，选择半身制图。
- 款式为低腰款，腰带直接在裙身上截取，合并省道即可。
- 裙片上剩余的省合并为一个省道。
- 下摆取10cm宽，然后剪切展开，得到最后的样板。

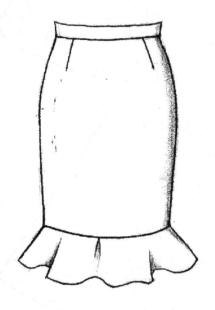

图2-11

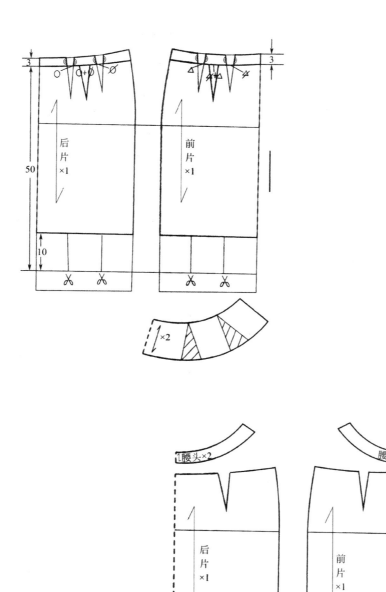

图2-12

① 衣身原型与省道转移变化

② 半身裙的结构设计

③ 连衣裙的结构设计

④ 单衣结构设计

⑤ 外套的结构设计

⑥ 大衣的结构设计

⑦ 背心的结构设计

⑧ 裤子的结构设计

附录 日本文化式原型

图2-13

（六）款式七

1. 款式分析

此款为中腰的裙型（见图2-13），无腰头，裙子前后共有八片构成，臀围以下有三角插片，形成宽大的下摆。

2. 规格

号型	腰围（W）	裙长（L）	臀围（H）
160/68A	68cm	50cm	94cm

3. 结构制图（见图2-14）

- 由于裙子为左右对称，所以选择半身制图。
- 款式为连腰款，腰头直接在裙身上上延得到。
- 省道分解到中缝、侧缝和分割线上。
- 绘制三角形插片，插片长度从臀围线到下摆。最后分解样片，得到最后的样板。

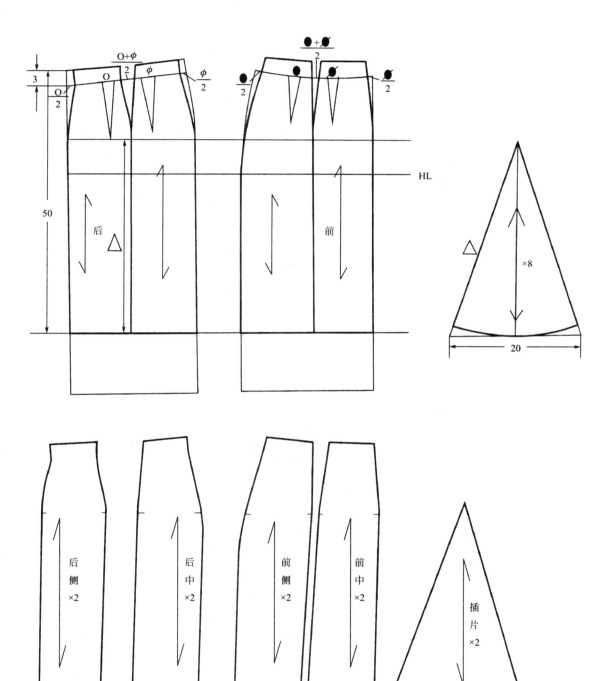

图 2-14

① 衣身原型与省道转移变化

② 半身裙的结构设计

③ 连衣裙的结构设计

④ 单衣结构设计

⑤ 外套的结构设计

⑥ 大衣的结构设计

⑦ 背心的结构设计

⑧ 裤子的结构设计

附录 化式日本文原型

图2-15

（七）款式八

1. 款式分析

此款为多节裙（见图2-15），腰的位置在人体腰围线上，裙子上有横向分割，并且在分割线上增加褶皱量。裙摆的褶皱量多，可以产生立体的堆积效果，各段上的面料可以组合，形成丰富的变化。

2. 规格

号型	腰围（W）	裙长（L）	腰宽
160/68A	68cm	68cm	3cm

3. 结构制图（见图2-16）

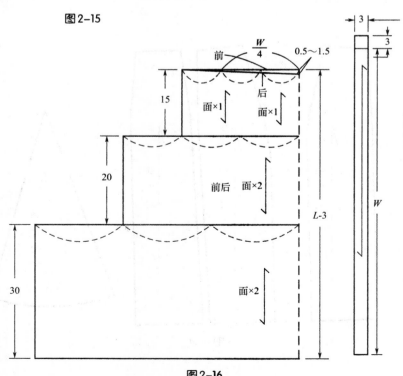

图2-16

（八）款式九

1. 款式分析

此款裙子为圆裙（见图2-17），又叫喇叭裙。裙子在臀部离开人体空隙比半紧身裙更大，因此臀围松量加大，裙摆也加大。裙摆加宽后，呈喇叭状，下摆产生自然的垂褶，富于变化美感。

2. 规格

号型	腰围（W）	裙长（L）	腰宽
160/68A	68cm	70cm	2cm

3. 结构制图（见图2-18）

- 喇叭裙根据裙摆的大小，可以分为90°圆裙，180°圆裙，360°圆裙，甚至720°圆裙等。例如，腰围尺寸等于整个半个圆周，就是360°圆裙。

图2-17

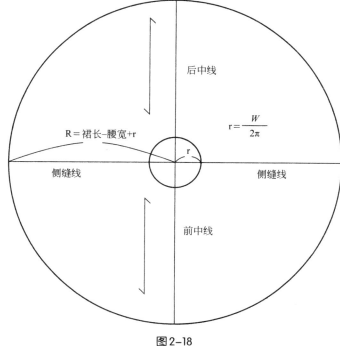

R＝裙长－腰宽+r

$r = \dfrac{W}{2\pi}$

后中线

前中线

侧缝线　　　侧缝线

r

图2-18

① 衣身原型与省 道转移变化

② 半紧身裙的结构设计

③ 连衣裙的结构设计

④ 单衣结构设计

⑤ 外套的结构设计

⑥ 大衣的结构设计

⑦ 背心的结构设计

⑧ 裤子的结构设计

附录 日本文化式原型

（九）款式十

1. 款式分析

此款裙（见图2-19）子在臀部离开人体有一定的空隙，因此臀围松量加大，利用裙原型（款式一）变化而得。裙子的长度可以改变，可以做成较短的迷你裙。

2. 规格

号型	腰围（W）	臀围（H）	裙长（L）
160/68A	66cm	99cm	50cm

图2-19

3. 结构制图（见图2-20，图2-21）

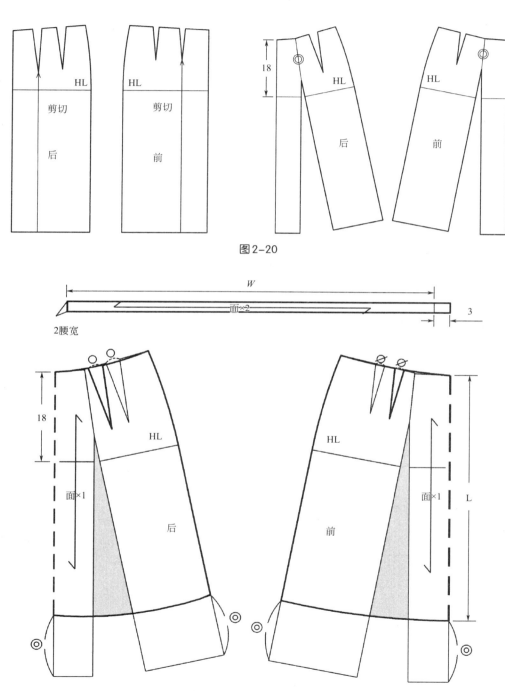

图2-20

图2-21

图 2-22

（十）款式十一

1. 款式分析

此款褶皱裙（见图2-22），利用裙原型（款式一）变化而得。一共三层，上两层是裙摆的装饰。裙子腰部刚好在腰围线上，是一款纱质的时装裙。

2. 规格

号型	腰围（W）	裙长（L）	腰宽
160/68A	69cm	55cm	3cm

3. 结构制图（见图2-23 ~ 图2-25）

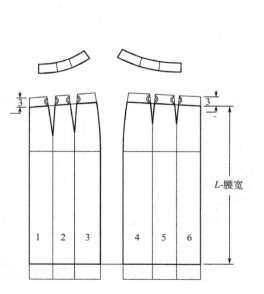

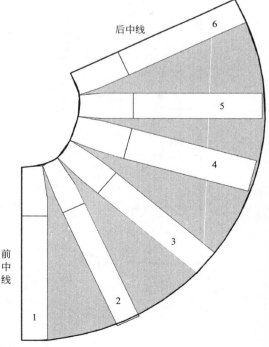

图 2-23

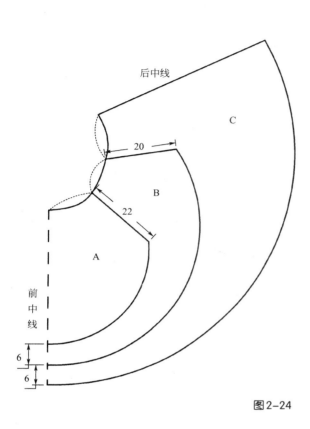

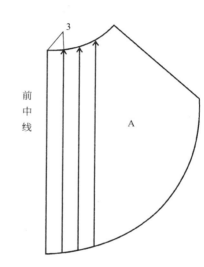

图2-24

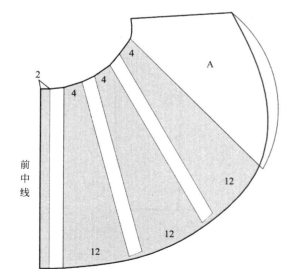

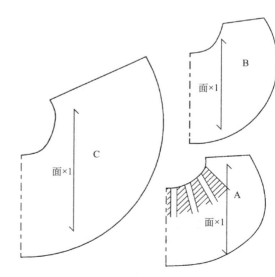

图2-25

① 追身省与衣身原型转移变化
② 半身裙的结构设计
③ 连衣裙的结构设计
④ 单衣的结构设计
⑤ 外套的结构设计
⑥ 大衣的结构设计
⑦ 背心的结构设计
⑧ 裤子的结构设计
附录 日本文化式原型

（十一）款式十二

1. 款式分析

此款为斜向分割的紧身裙（见图2-26），由原型裙（款式一）变化得来。裙子在前面做了斜向分割，隐含了省道，并且在中间的分割处增加了褶皱，形成斜向的放射状图案。

2. 规格

号型	腰围（W）	裙长（L）	臀围（H）
160/68A	72cm	55cm	94cm

3. 结构制图（见图 2-27）

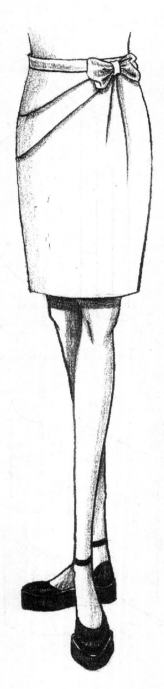

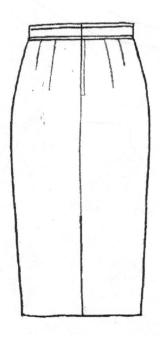

图2-26

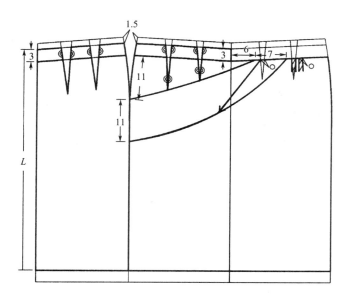

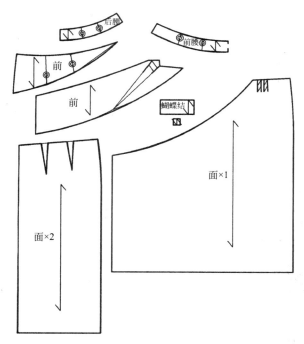

图2-27

① 衣身原型与省道转移变化

② 半身裙的结构设计

③ 连衣裙的结构设计

④ 单衣的结构设计

⑤ 外套的结构设计

⑥ 大衣的结构设计

⑦ 背心的结构设计

⑧ 裤子的结构设计

附录 化式日本文原型

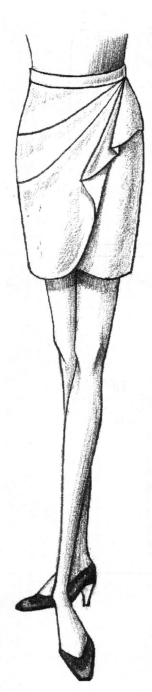

图解女装结构设计100例

① 衣身原型与省道转移变化
② 半身裙的结构设计
③ 连衣裙的结构设计
④ 单衣的结构设计
⑤ 外套的结构设计
⑥ 大衣的结构设计
⑦ 背心的结构设计
⑧ 裤子的结构设计
附录 日本文化式原型

（十二）款式十三

1. 款式分析

此款裙（见图2-28）为低腰裙，前片有不对称的波浪形褶裥，显得柔美。

2. 规格

号型	腰围（W）	裙长（L）	臀围（H）
160/68A	76cm	46cm	94cm

3. 结构制图（见图2-29，图2-30）

● 先完成原型裙（款式一）的结构制图，因为此款为低腰裙，所以原型裙的规格腰围（W）设定为64cm。

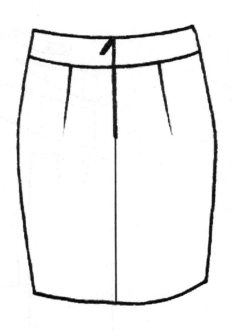

图2-28

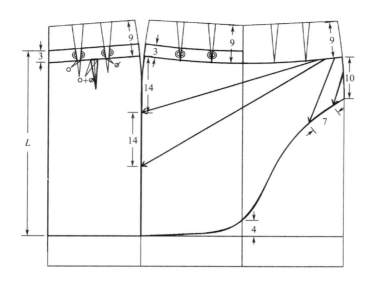

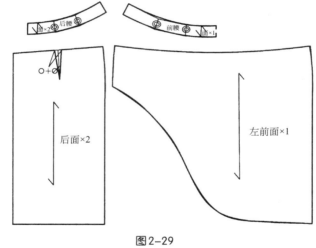

图 2-29

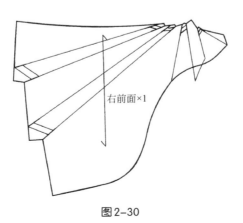

图 2-30

① 道转移变化 衣身原型与省

❷ 结构设计 半身裙的

③ 结构设计 连衣裙的

④ 构设计 单衣结

⑤ 外套的结 构设计

⑥ 构设计 大衣的结

⑦ 背心设计 构的结

⑧ 裤子设计 构的结

附录 化式原型 日本文

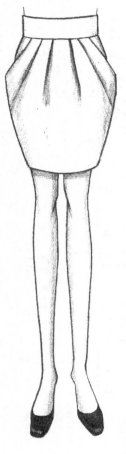

图 2-31

（十三）款式十四

1. 款式分析

此款为上大下小的陀螺裙（见图2-31），也叫花苞裙。利用裙原型（款式一）变化而得。裙子在腰部放开，下口自然收进，夸张女性的臀部造型。

2. 规格

号型	腰围（W）	裙长（L）	臀围（H）
160/68A	69cm	50cm	94cm

3. 结构制图（见图2-32）

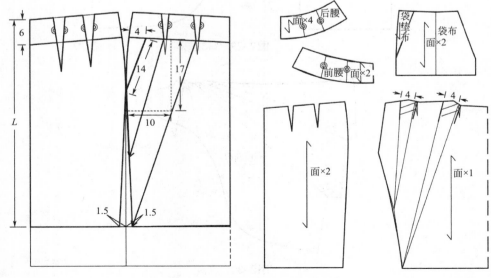

图 2-32

（十四）款式十五

1. 款式分析

此款为褶裥裙（见图2-33），利用裙原型（款式一）变化而得。裙子略微低腰，省道转移到育克线上。下摆的褶裥可形成丰富的变化。裙长较短，裙子里面适合配搭打底裤。

2. 规格

号型	腰围（W）	裙长（L）
160/68A	72cm	35cm

3. 结构制图（见图2-34）

图2-33

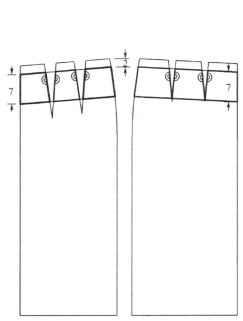

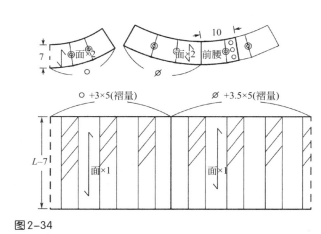

图2-34

① 道转移变化与省
衣身原型
② 结构设计
半身裙的
③ 连衣裙的
结构设计
④ 里衣
结构设计
⑤ 外套的
结构设计
⑥ 大衣的
结构设计
⑦ 背心的
结构设计
⑧ 裤子的
结构设计
附 化式原型
录 日本文

（十五）款式十六

1. 款式分析

　　此款裙子利用两种面料拼接（见图2-35），将不透明的面料与透明的蕾丝进行对比。侧面弧线的分割既增加女性的柔美，又在视觉上产生臀部变窄的效果。此款裙子由裙原型（款式一）变化而得。

2. 规格

号型	腰围（W）	裙长（L）	臀围（H）
160/68A	68cm	60cm	94cm

3. 结构制图（见图2-36）

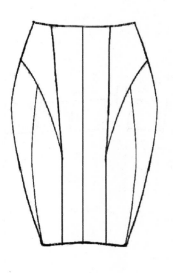

图2-35

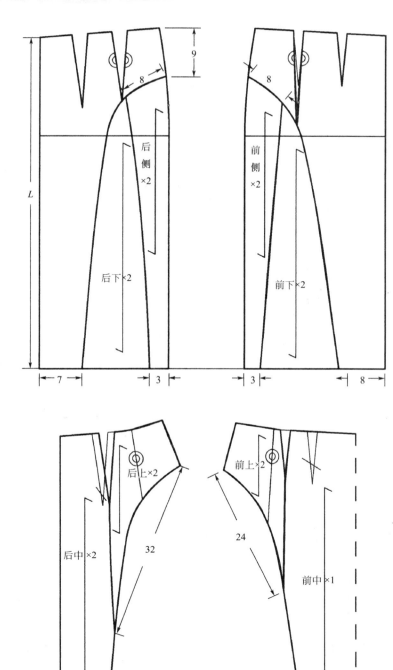

图2-36

① 道转移变化 衣身原型与省

❷ 结构设计 半身裙的计

③ 结构设计 连衣裙的

④ 构设计 单衣结计

⑤ 构设计 外套的结

⑥ 构设计 大衣的结

⑦ 构设计 背心的结

⑧ 构设计 裤子的结

附录 化式原型 日本文

① 衣身原型与省道转移变化

② 半身裙的结构设计

③ 连衣裙的结构设计

④ 单衣结构设计

⑤ 外套的结构设计

⑥ 大衣的结构设计

⑦ 背心的结构设计

⑧ 裤子的结构设计

附录 日本文化式原型

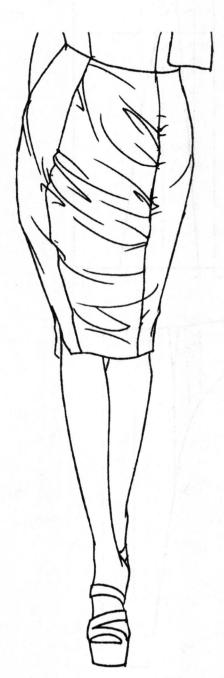

图2-37

（十六）款式十七

1. 款式分析

此款（见图2-37）采用薄针织，前中有斜向的褶皱，与侧片形成疏与密的对比。腰片有松紧带，因此不用留开口闭合。

2. 规格

号型	腰围（W）	裙长（L）	臀围（H）	腰宽
160/68A	68cm	60cm	94cm	3cm

3. 结构制图（见图2-38，图2-39）

● 利用裙原型（款式一）变化而得到针织裙原型，再由针织裙原型变化得到此款裙型。

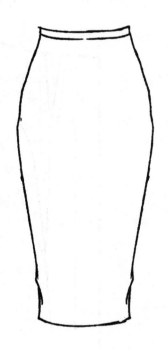

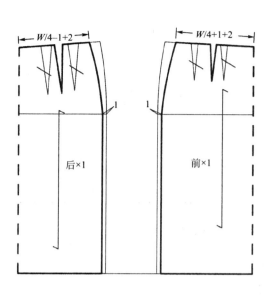

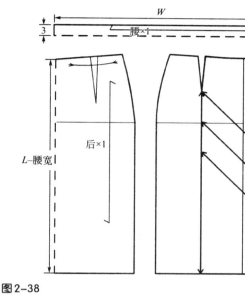

图2-38

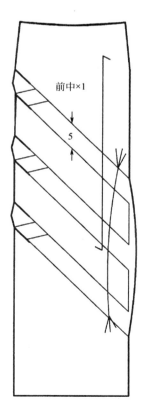

图2-39

①
衣转衣身移身变原化型与省
道

②
半身裙结设构计的

③
连衣裙结设构计的

④
单衣结构设计

⑤
外套结设构计的

⑥
大衣结设构计的

⑦
背心结设构计的

⑧
裤子结设构计的

附录
化式原型日本文

图 2-40

（十七）款式十八

1. 款式分析

此款裙子（见图2-40）采用厚重的毛呢织物，裙的缝头不处理，留出布的自然毛边。利用裙原型（款式一）变化而得。

2. 规格

号型	腰围（W）	裙长（L）	腰宽
160/68A	68cm	58cm	3cm

3. 结构制图（见图2-41）

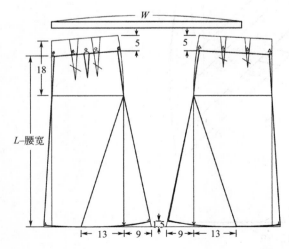

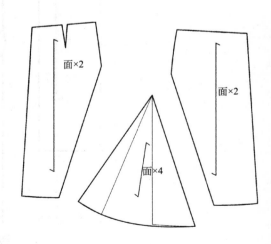

图 2-41

（十八）款式十九

1. 款式分析

此款为低腰褶裥裙（见图 2-42），利用裙原型（款式一）变化而得。腰带可根据育克分割的形状制成弧线形状。前片加入刀褶，显得简洁干练。臀部为合体型，因此臀围松量4cm。

2. 规格

号型	腰围（W）	裙长（L）	臀围（H）
160/68A	68cm	60cm	94cm

3. 结构制图（见图 2-43）

图 2-42

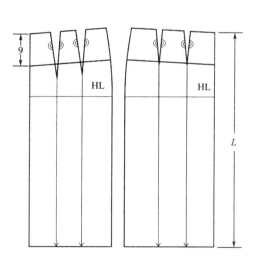

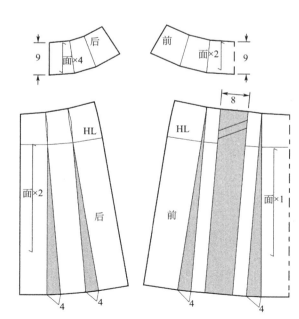

图 2-43

① 道转移变化
衣身原型与省

② 半身裙设计
结构设计

③ 连衣裙设计
结构设计的

④ 单衣结构设计

⑤ 外套结构设计的

⑥ 大衣结构设计的

⑦ 背心结构设计的

⑧ 裤子结构设计的

附录
化式日本文原型

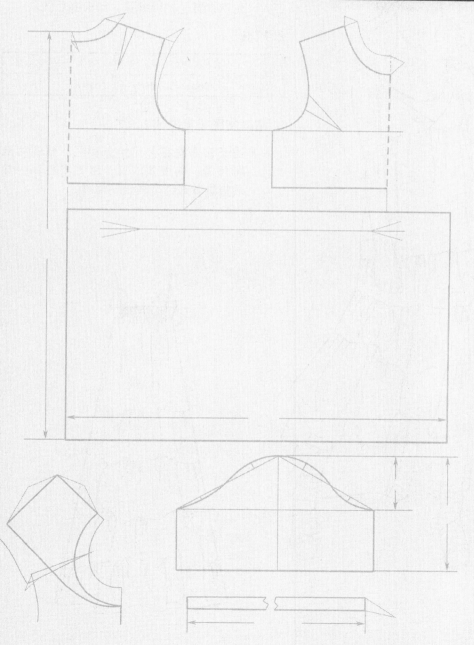

一、款式二十

1. 款式分析

此款为A型吊带蛋糕裙（见图3-1），无领无袖，胸部合体，腰部宽松，裙摆横向分割成四片，依次加宽，抽缩皱褶，呈前高后低。

2. 规格

号型	衣长（W）	胸围（L）	下摆	下胸围
160/84A	120cm	84cm	200cm	75cm

3. 结构制图（见图3-2，图3-3）

● 裙子左右对称，可半身制图。款式为低胸吊带，胸围要收紧，腋下要抬高，然后根据款式造型画出轮廓线。

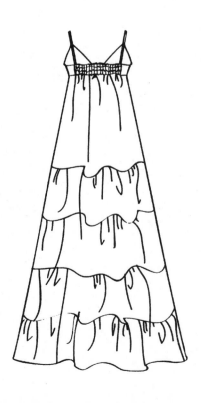

图3-1

- 将前片胸省转移到胸下围处的分割线上，并将省量抽缩成褶皱，肩带缩减一段长度来防止兜空和走光。
- 后片的腰省保留，用工艺的方法，使用弹性缝纫线进行抽缩，方便穿脱和调整围度。
- 前后下摆统一考虑，根据造型确定长短和宽度，注意前短后长的造型，可前后连裁，也可以断开。
- 最后分解样片得最终纸样。

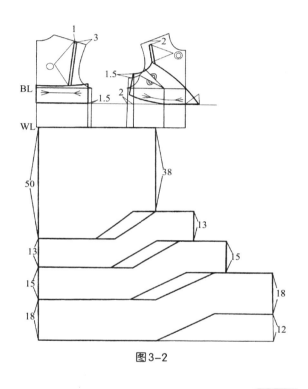

图3-2

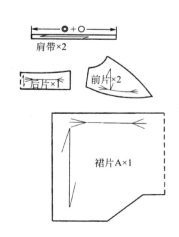

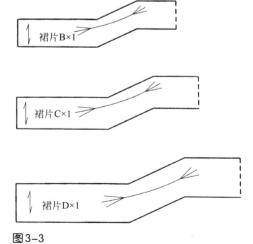

图3-3

① 衣身原型与省道转移变化

② 半身裙的结构设计

❸ 连衣裙的结构设计

④ 单衣的结构设计

⑤ 外套的结构设计

⑥ 大衣的结构设计

⑦ 背心的结构设计

⑧ 裤子的结构设计

附录 化式日本原型文

二、款式二十一

1. 款式分析

此款为短袖宽松连衣裙（见图3-4），裙子的整体极度宽松，装接袖，海军领，颈前有蝴蝶结。

2. 规格

号型	衣长（W）	胸围（L）	下摆	袖口（H）	袖长	肩宽
160/84A	85cm	98cm	160cm	40cm	25cm	38cm

3. 结构制图（见图3-5，图3-6）

- 裙子左右对称，采用半身制图。首先调整原型为无省型，将胸省直接在袖笼修顺，腰省放开不收，肩省直接在肩点修掉，腰围线以上5cm做分割线。
- 下摆直接根据裙长确定长度，宽度大小为上身围度加褶量。
- 将领口开低开宽，并在新领口的基础上绘制海军领。新袖笼的基础上绘制一片袖。
- 分解样片得最终纸样。

图3-4

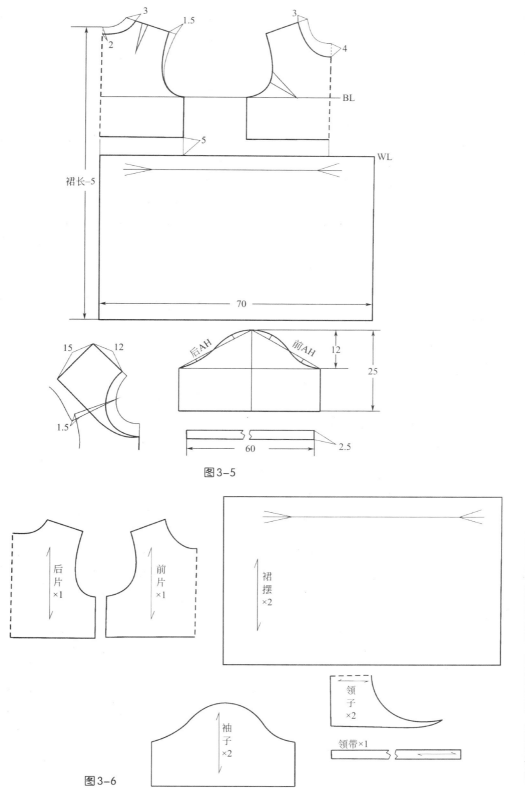

图 3-5

图 3-6

① 衣身原型与省 道转移变化

② 半身裙的 结构设计

❸ 连衣裙的 结构设计

④ 单衣 结构设计

⑤ 外套 结构设计的

⑥ 大衣 结构设计的

⑦ 背心 结构设计的

⑧ 裤子的 结构设计

附录 日本文化式原型

图3-7

三、款式二十二

1. 款式分析

此款为H型宽松连衣裙（见图3-7），裙子的袖型为插肩袖，袖片有分割，由不同材质拼接而成，腰部扎系腰带。

2. 规格

号型	衣长（W）	胸围（L）	下摆	袖长
160/84A	80cm	100cm	128cm	25cm

3. 结构制图（见图3-8，图3-9）

- 左右对称，半身制图。首先处理衣身围度。由于该款服装宽松，故将围度在侧缝处适当加大，衣身无省，将胸省肩、省做修顺处理，腰省放开不缝，下摆适度外扩。
- 将领口开深开宽，注意前中领口造型。
- 腰部添加绳索抽系穿孔。根据实际情况，分解样片，得最终纸样。
- 绘制插肩袖，袖中缝为直线，同时根据款式做造型分割。

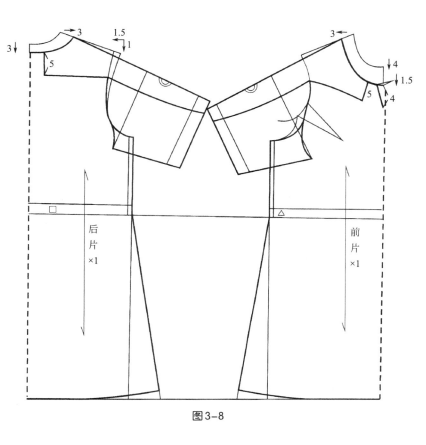

图3-8

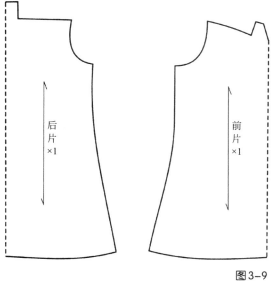

图3-9

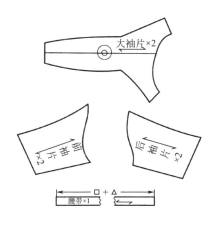

四、款式二十三

1. 款式分析

　　此款为H型宽松短款连衣裙，无领，肩部有宽大的荷叶边袖（见图3-10）。

2. 规格

号型	衣长（W）	胸围（L）	下摆	袖长
160/84A	83cm	102cm	110cm	22cm

3. 结构制图（见图3-11，图3-12）

- 对称结构，选择半身制图，宽松结构，肩省直接在肩点处修掉，前片袖笼修顺，将胸省放开不缝。
- 将胸围在侧缝处追加，并将侧缝外扩，形成A字造型。
- 领口开宽开深，在颈后部做V字领口造型及领袢结构。
- 在袖笼和侧缝处做分割，以分割线长度为基础做荷叶袖造型。
- 分解样片，得最终纸样。

图3-10

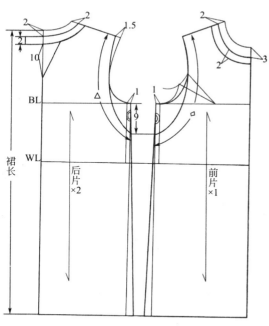

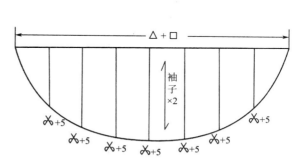

图3-11

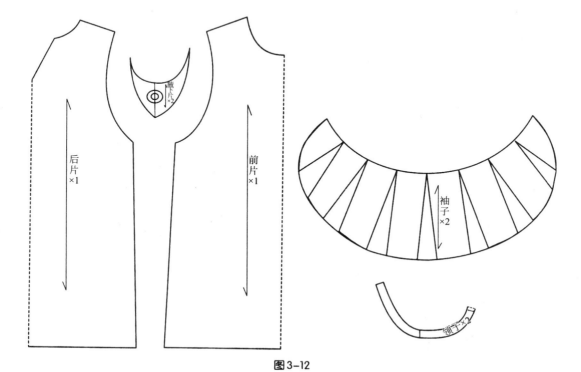

图3-12

① 道转移变化
衣身原型与省
结构设

② 结构设
半身裙的计

③ 结构设
连衣裙的计

④ 单构设
衣结计

⑤ 外套构设
的计结

⑥ 大衣构设
的计结

⑦ 背心构设
的计结

⑧ 裤子构设
的计结

附录
化式原型
日本文

五、款式二十四

1. 款式分析

　　此款为合体连衣裙（见图3-13），短款，腰部以上合体，腰部以下为规则褶裥，腰部有造型，无领，中袖。

2. 规格

号型	裙长（W）	胸围（L）	下摆	袖长	腰围	袖口
160/84A	87cm	90cm	182cm	36cm	80cm	28.5cm

3. 结构制图（见图3-14，图3-15）

● 裙子左右对称，选择半身制图。该款为合体造型，在原型基础上适当收减胸围，抬升袖笼，调整衣身。

● 将胸省转移到侧缝，肩省在肩点做处理，侧缝和后中处收腰。

● WL以上五厘米处做分割造型，并分别做切展。具体如图。

● 将领口做开深开宽处理，并在新袖笼的基础上绘制袖片。

图3-13

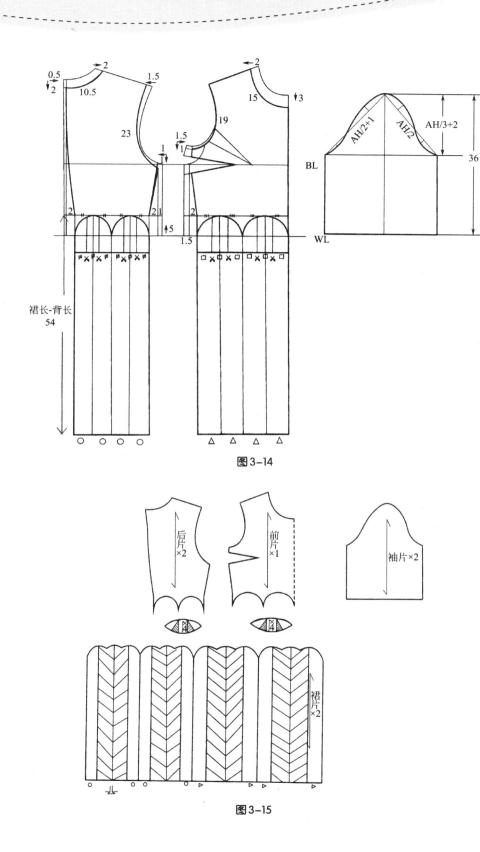

图3-14

图3-15

①
道转移变化
衣身原型与编结构

②
结构设计
半身裙的

❸
结构设计
连衣裙的

④
构设计
上衣结

⑤
构设计
外套的结

⑥
构设计
大衣的结

⑦
构设计
背心的结

⑧
构设计
裤子的结

附录
化式原型
日本文

六、款式二十五

1. 款式分析

　　此款为合体型连衣裙（见图3-16），腰部以上为合体造型，腰部以下有褶和波浪，成A字裙摆，前片为不对称结构，中袖，无领。

2. 规格

号型	裙长（W）	胸围（L）	下摆	袖长	腰围	袖口
160/84A	85cm	90cm	160cm	36cm	75cm	28.5cm

3. 结构制图（见图3-17，图3-18）

- 衣身部分是合体状态，首先将胸围适度收小，然后将省转化为刀背缝，选择恰当位置进行腰部分割。
- 裙摆部分是非对称造型，前片半侧平整，半侧有两个工字褶，后片则为对称分布的褶裥。
- 根据款式绘制新领口，并在新衣身的基础上绘制五分袖，袖子的结构同款式五。
- 分解样片，得到最终纸样。

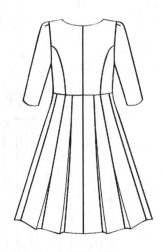

图3-16

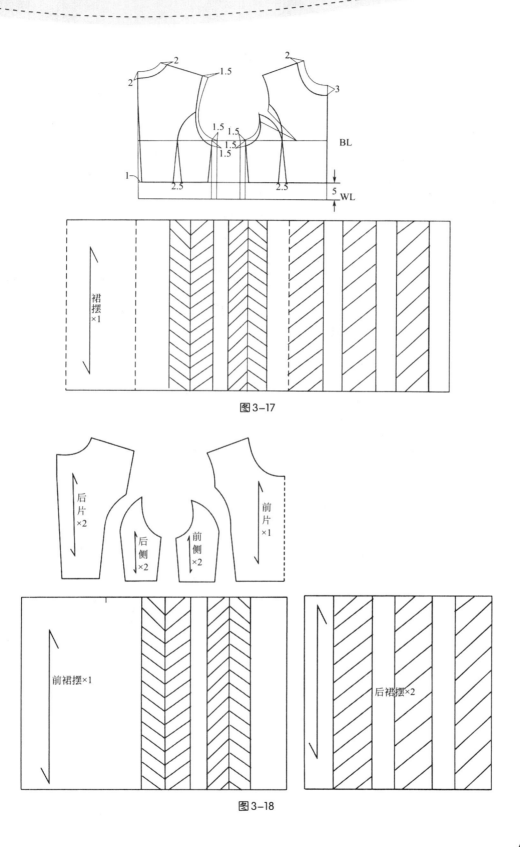

图 3-17

图 3-18

后片
×2

后侧
×2

前侧
×2

前片
×1

裙摆
×1

前裙摆×1

后裙摆×2

①
道转衣身省
转移变化
衣身原型与省

②
结构设计
半身裙的

❸
连结构设
衣裙的计

④
构设计
单衣结

⑤
外构设计
套的结

⑥
构设计
大衣的结

⑦
背心设计
的结构

⑧
构设计
裤子的结

附录
化式原型
日本文

53

图3-19

七、款式二十六

1. 款式分析

　　此款为露肩的宽松连衣裙（见图3-19），吊带，中间束腰，短款，上臂和前胸处有波浪形挡片。

2. 规格

号型	衣长（W）	胸围（L）	下摆	腰围
160/84A	82cm	89cm	100cm	松紧62cm

3. 结构制图（见图3-20，图3-21）

- 由于是吊带裙，首先需要对衣身进行围度缩减，然后根据款式确定衣身造型线，保留胸省。
- 将衣身延长到裙长处，腰省放开不收，扎系腰带。
- 根据造型，确定荷叶贴边的形状和大小分解样片，得最终样板。

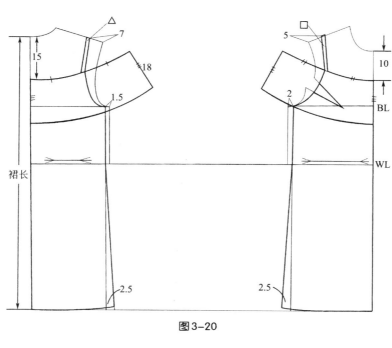

图 3-20

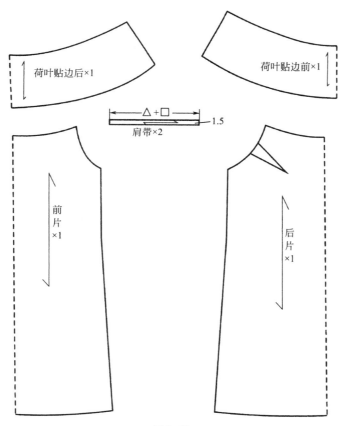

图 3-21

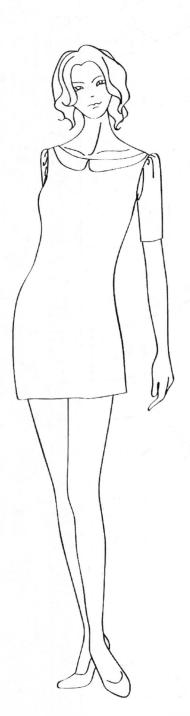

图3-22

八、款式二十七

1. 款式分析

此款是H型，泡泡袖，后露背款式连衣裙。衣身前片有两片假领子作为装饰（见图3-22）。

2. 规格

号型	胸围（B）	裙长（L）	肩宽（S）	袖长（SL）
160/84A	96cm	80cm	37cm	26cm

3. 结构制图（见图3-23，图3-24）

- 由于是泡泡袖，缩短肩宽1cm。
- 袖子按照合体高袖山袖子制图，沿中缝剪开，展开12cm为泡泡的增加量。
- 虽然是H型造型，侧缝适当增加4cm摆量，方便走动。
- 前中向上增加1cm量，才能更好满足一字领造型。

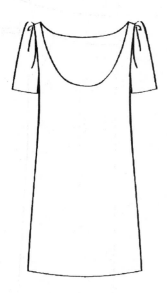

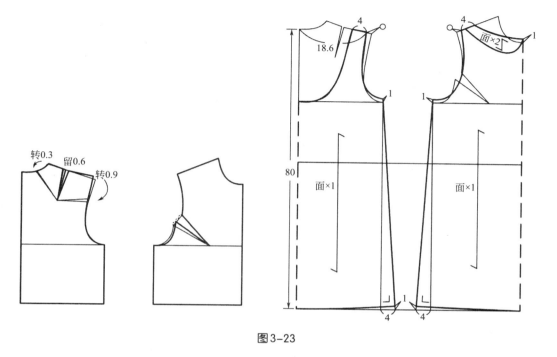

转0.3　留0.6　转0.9

18.6

面×2

4　　　　4

1　　　　1

80

面×1　　　面×1

1　　　　1

4　　4

图3-23

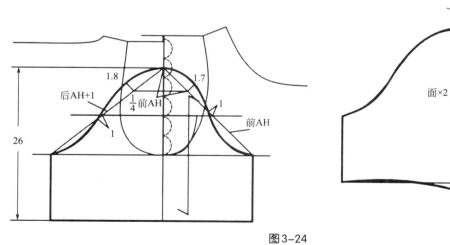

1.8　　1.7

后AH+1　　1

¼前AH　　1

26　　　　前AH

面×2

12

图3-24

九、款式二十八

1. 款式分析

此款为紧身荷叶领连衣裙（见图3-25）。裙子为十分紧身合体的基本裙，在领上加上两层荷叶边，整体显得女人味十足。

2. 规格

号型	胸围（B）	臀围（H）	腰围（W）	裙长（L）	肩宽（S）
160/84A	89cm	94cm	72cm	80cm	37cm

3. 结构制图（见图3-26，图3-27）

● 由于款式为低领宽，额外增加了1.5cm的领口省，防止领口兜空。

图3-25

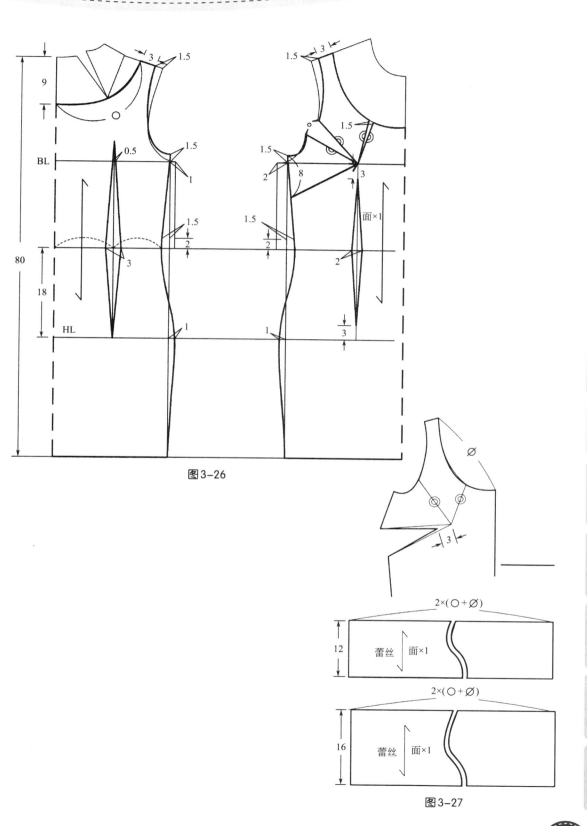

图3-26

图3-27

① 衣身原型与省
道转移变化

② 半身裙的
结构设计

❸ 连衣裙的
结构设计

④ 单衣的
结构设计

⑤ 外套的
结构设计

⑥ 大衣的
结构设计

⑦ 背心的
结构设计

⑧ 裤子的
结构设计

附录 日本文
化式原型

① 衣身原型与省道转移变化

② 半身裙的结构设计

③ 连衣裙的结构设计

④ 单衣结构设计

⑤ 外套的结构设计

⑥ 大衣的结构设计

⑦ 背心的结构设计

⑧ 裤子的结构设计

⑨ 附录日本文化式原型

十、款式二十九

1. 款式分析

公主线连衣裙（见图3-28），从肩部到裙摆加入纵向分割线，能很好体现女性的形态。这是最基本的合体连衣裙款式。可以改变领型与袖型，即可改变设计。由于是贴体的设计，所以胸围上给4cm的松量。

2. 规格

号型	胸围 （B）	臀围 （H）	腰围 （W）	裙长 （L）	肩宽 （S）
160/84A	88cm	96cm	73cm	80cm	38.5cm

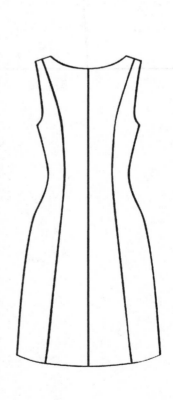

图3-28

3. 结构制图（见图 3-29）

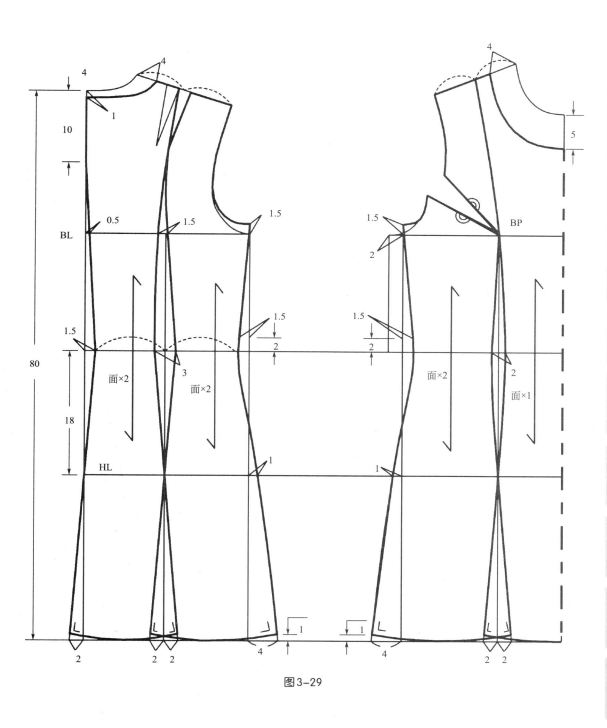

图 3-29

① 遮转移变化衣身原型与省

② 半身裙的结构设计

③ 连衣裙的结构设计

④ 单衣的结构设计

⑤ 外套的结构设计

⑥ 大衣的结构设计

⑦ 背心的结构设计

⑧ 裤子的结构设计

附录 化式日本文原型

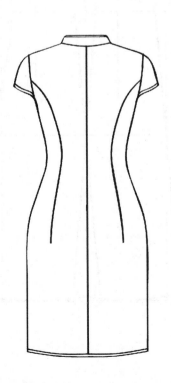

十一、款式三十

1. 款式分析

　　此款为改良后的旗袍款式（见图3-30），裙子十分合体，袖子采用装袖，能很好体现女性的形态。由于是贴体的设计，所以胸围上给4cm的松量。

2. 规格

号型	胸围（B）	臀围（H）	腰围（W）	裙长（L）	肩宽（S）	袖长（SL）
160/84A	88cm	94cm	72cm	86cm	38.5cm	10cm

3. 结构制图（见图3-31，图3-32）

图3-30

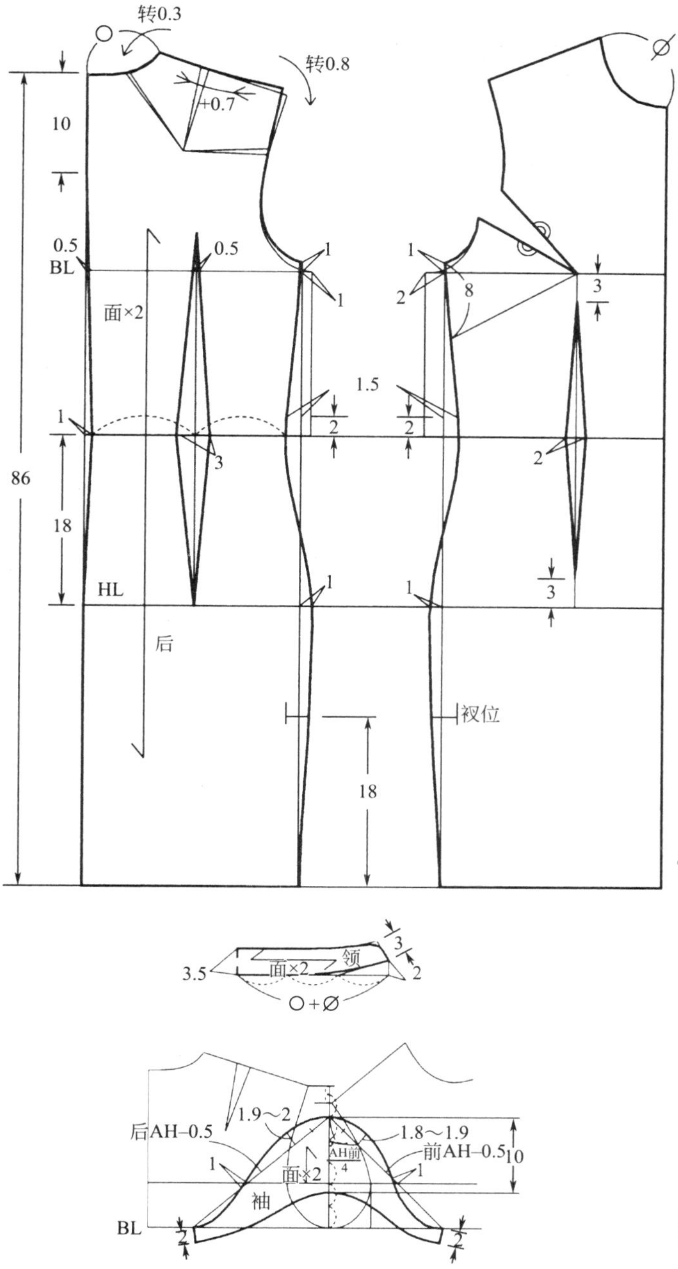

转0.3
转0.8
+0.7
10
0.5
BL
面×2
0.5
1
1
1
2
8
3
1.5
2
2
2
1
86
18
HL
后
1
3
2
2
1
1
3
18
衩位

3.5
面×2
领
3
2
○+∅

后AH−0.5
1.9～2
1.8～1.9
前AH−0.5
10
1
AH前
4
面×2
袖
BL
2
2

图3-31

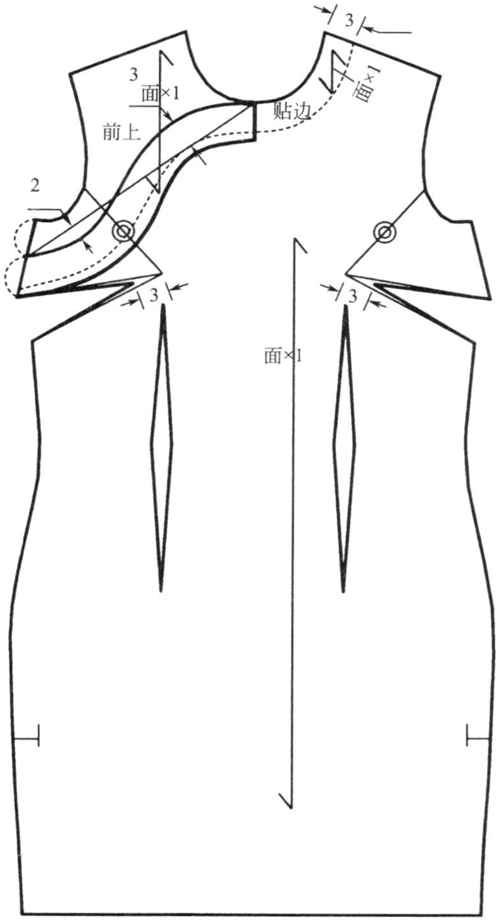

3
3
面×1
面×1
贴边
前上
3
4
2
面×1
2
3
3

图3-32

① 道转移变化衣身原型与省
② 结构设计半身裙的
③ 结构连衣裙设计的
④ 构单衣结设计
⑤ 外结构设计的
⑥ 构设大衣的结
⑦ 背心的结构设计
⑧ 构设裤子的结
附录 化式原型日本文

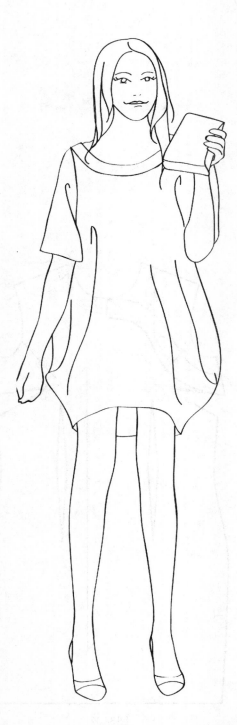

十二、款式三十一

1. 款式分析

　　此款为休闲宽松连衣裙（见图3-33）。裙子在胸围处放松量很大，下摆呈现O款型。由于面料较薄，垂感好，这样在穿着时能在侧缝处形成自然的褶皱。

2. 规格

号型	胸围（B）	裙长（L）	肩宽（S）	袖长（SL）
160/84A	96cm	82cm	38.5cm	35cm

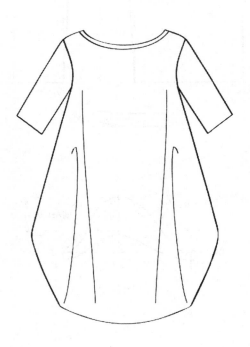

图3-33

3. 结构制图（见图 3-34）

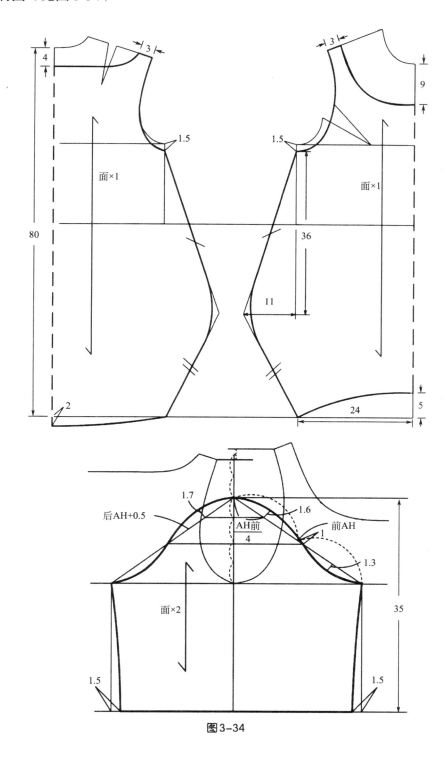

图 3-34

十三、款式三十二

1. 款式分析

此款为太阳裙（见图3-35）。胸围、下胸围、下摆都上松紧带系绳，可以自动调节围度。这样的裙型多用于童装中。女裙中使用，显得可爱、青春。

2. 规格

号型	胸围（B）	裙长（L）
160/84A	84cm（缩松紧后）	88cm

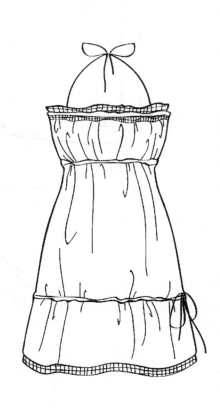

图3-35

3. 结构制图（见图3-36）

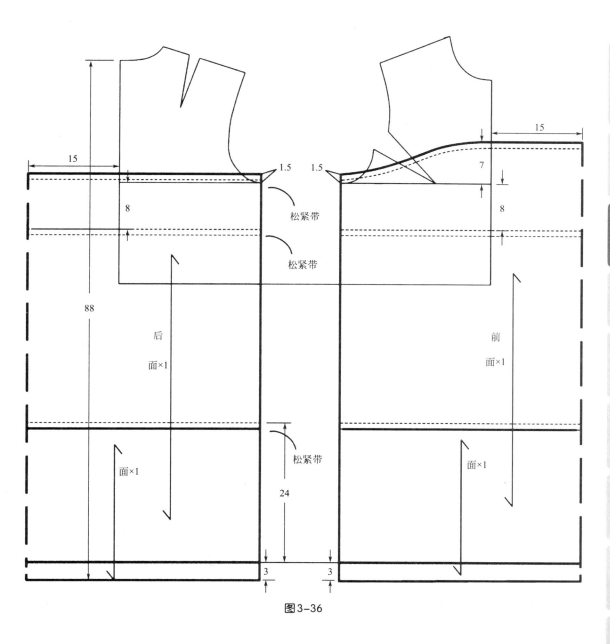

图3-36

① 道转移变化
衣身原型与省

② 结构设计
半身裙的

❸ 结构设计
连衣裙的

④ 构设计
单衣结

⑤ 构设计
外套的结

⑥ 构设计
大衣的结

⑦ 构设计
背心的结

⑧ 构设计
裤子的结

附录
化式原型
日本文

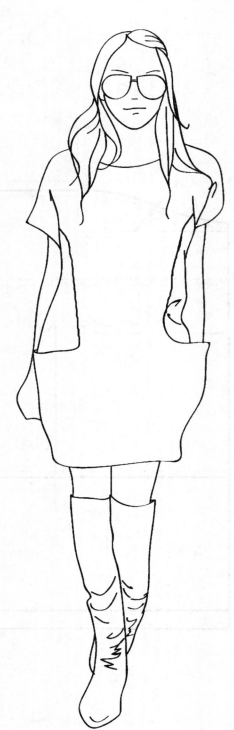

十四、款式三十三

1. 款式分析

此款为连肩袖直筒裙（见图3-37）。袖子为连肩袖，与衣身连成一片，衣身为H型，整体宽松舒适。裙下摆做了一个口袋的设计，形成倒梯形下摆，为设计的亮点。

2. 规格

号型	胸围（B）	臀围（H）	腰围（W）	裙长（L）	肩宽（S）	袖长（SL）
160/84A	96cm	96cm	96cm	82cm	38.5cm	16cm

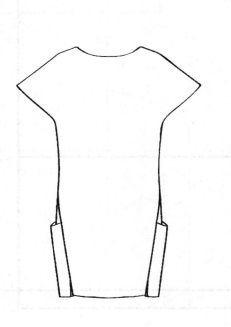

图3-37

3. 结构制图（见图 3-38）

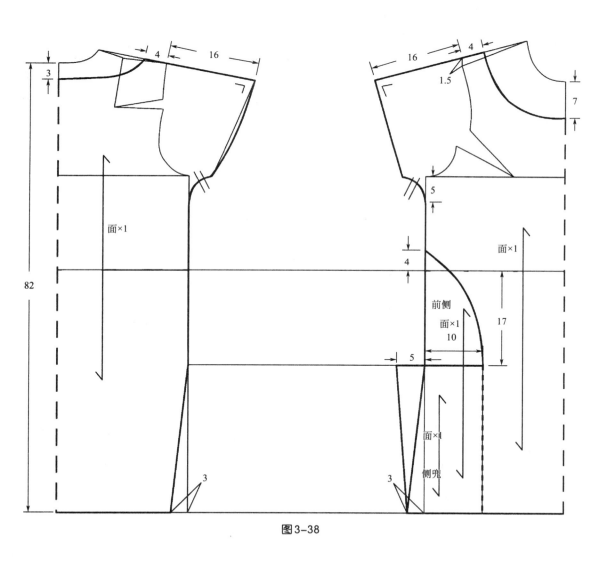

图3-38

① 道 转 衣 身 原 型 与 省

② 结 半 身 裙 的 构 设 计

❸ 连 衣 裙 的 结 构 设 计

④ 单 衣 构 结 设 计

⑤ 外 套 的 结 构 设 计

⑥ 大 衣 的 结 构 设 计

⑦ 背 心 的 结 构 设 计

⑧ 裤 子 的 结 构 设 计

㉆ 录 化 式 日 本 文 原 型

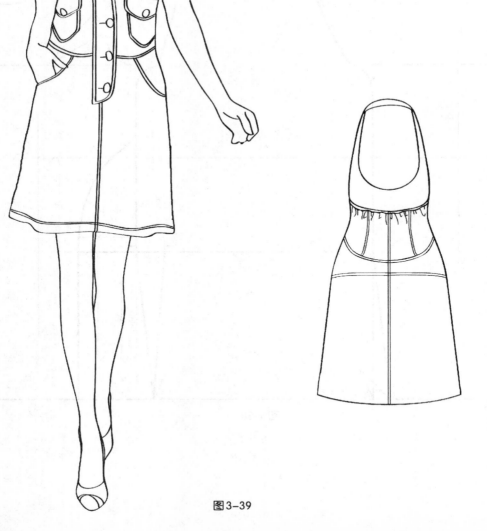

十五、款式三十四

1. 款式分析

此款背带裙（见图3-39），背带在领后相交，上身合体，后背有松紧带调节胸围尺寸，所以胸围上给4cm松量。下摆是半紧身裙，青春俏皮。

2. 规格

号型	胸围（B）	臀围（H）	腰围（W）	裙长（L）
160/84A	88cm	94cm	72cm	86cm

图3-39

3. 结构制图（见图 3-40）

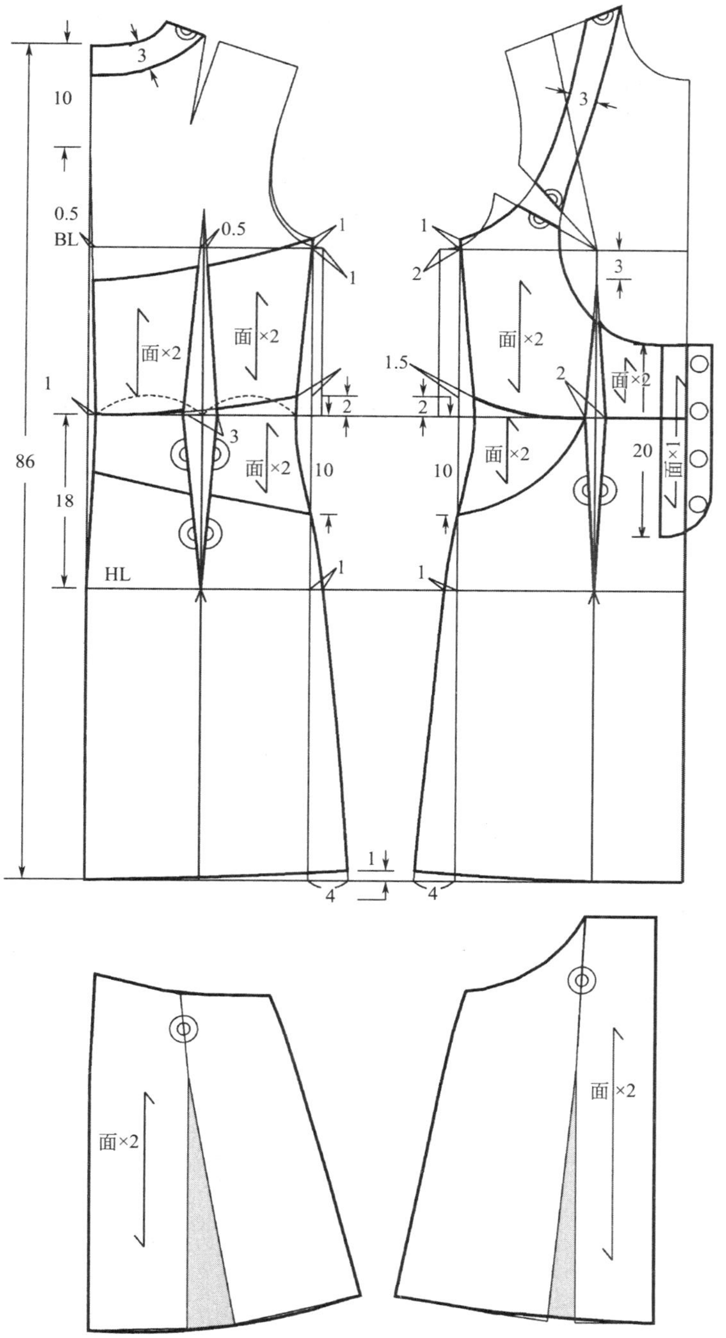

图 3-40

① 衣身原型与省　道转移变化

② 半身裙的设计　结构设计

❸ 连衣裙的设计　结构设计

④ 单衣的结　构设计

⑤ 外套的结　构设计

⑥ 大衣的结　构设计

⑦ 背心的结　构设计

⑧ 裤子的结　构设计

附录　化式日本文原型

十六、款式三十五

1. 款式分析

此款为宽松旗袍（见图3-41），宽松的款式，胸围上给10cm的松量。袖子采用传统旗袍的连肩袖，充分展现中国古典的韵味。款式在臀部分割，加入口袋，设计具有时尚休闲感。

2. 规格

号型	胸围（B）	臀围（H）	腰围（W）	裙长（L）	肩宽（S）	袖长（SL）
160/84A	96cm	104cm	92cm	89cm	38.5cm	24cm

3. 结构制图（见图 3-42，图 3-43）

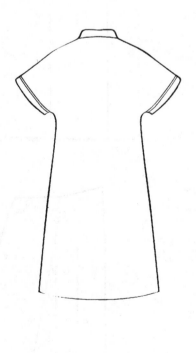

图3-41

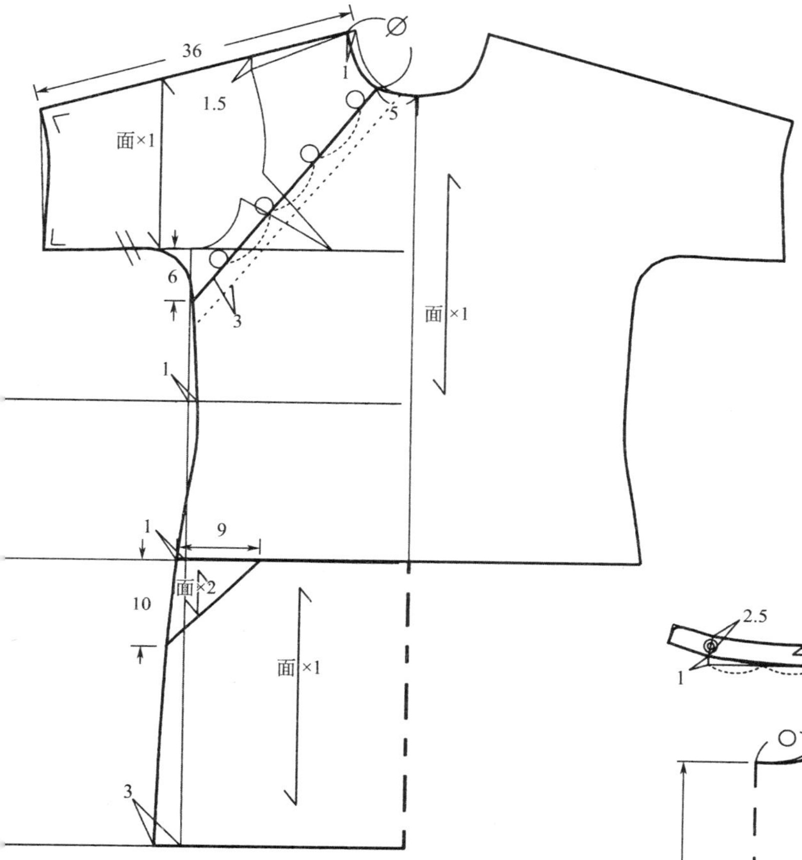

图3-43

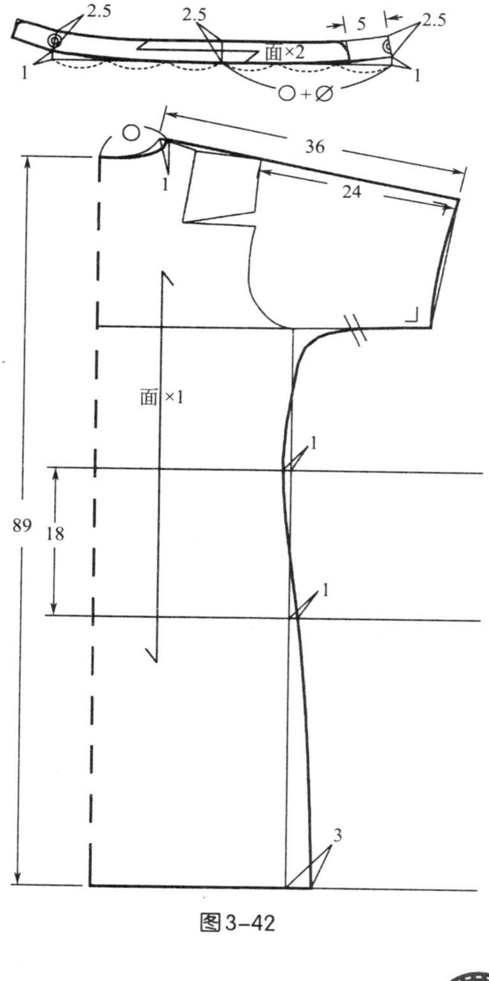

面×1

36

1.5

Ø

1

5

6

3

1

1

9

10

面×2

面×1

3

面×1

面×1

2.5　　　2.5　　5　2.5

面×2

1　　　　　　○+Ø　　　1

○

1

36

24

面×1

89　18

1

1

3

图3-42

① 衣身原型与省
道转移变化

② 半身裙的
结构设计

③ 连衣裙的
结构设计

④ 单衣
结构设计

⑤ 外套的
结构设计

⑥ 大衣的
结构设计

⑦ 背心的
结构设计

⑧ 裤子的
结构设计

附录
化式日本原型文

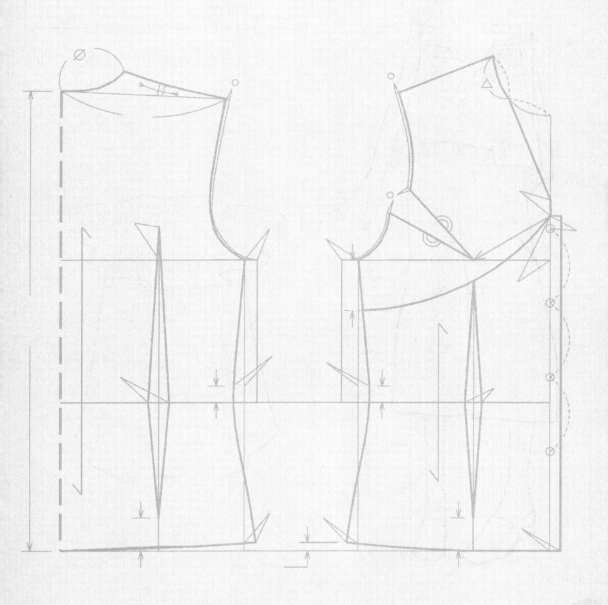

一、款式三十六

1. 款式分析

此款为无袖夏季单衣（见图4-1），胸前的V款型分割处加入大荷叶边，显得活泼俏皮。

2. 规格

号型	胸围（B）	衣长（L）	肩宽（S）
160/84A	90cm	60cm	38.5cm

图4-1

3. 结构制图（见图 4-2）

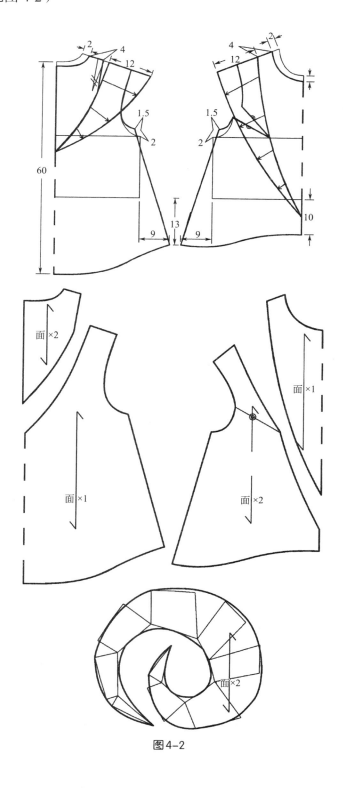

图 4-2

① 遵转移变化 衣身原型与省

② 结构设计 半身裙的计

③ 结构设计 连衣裙的计

④ 单构衣设结计

⑤ 外套设计 构的结

⑥ 大衣设计 构的结

⑦ 背心设计 构的结

⑧ 裤子设计 构的结

附录 化式原型 日本文

二、款式三十七

1. 款式分析

此款衬衣把胸省转移至领口，胸围松量较小，腰部修身，适合夏季穿着（见图4-3）。

2. 规格

号型	胸围（B）	腰围（W）	臀围（H）	衣长（L）	肩宽（S）	袖长（SL）
160/84A	89cm	74cm	96cm	56cm	37cm	22cm

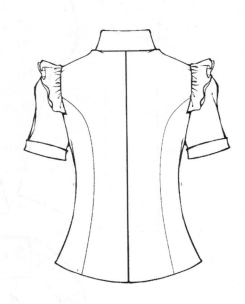

图4-3

3. 结构制图（见图4-4，图4-5）

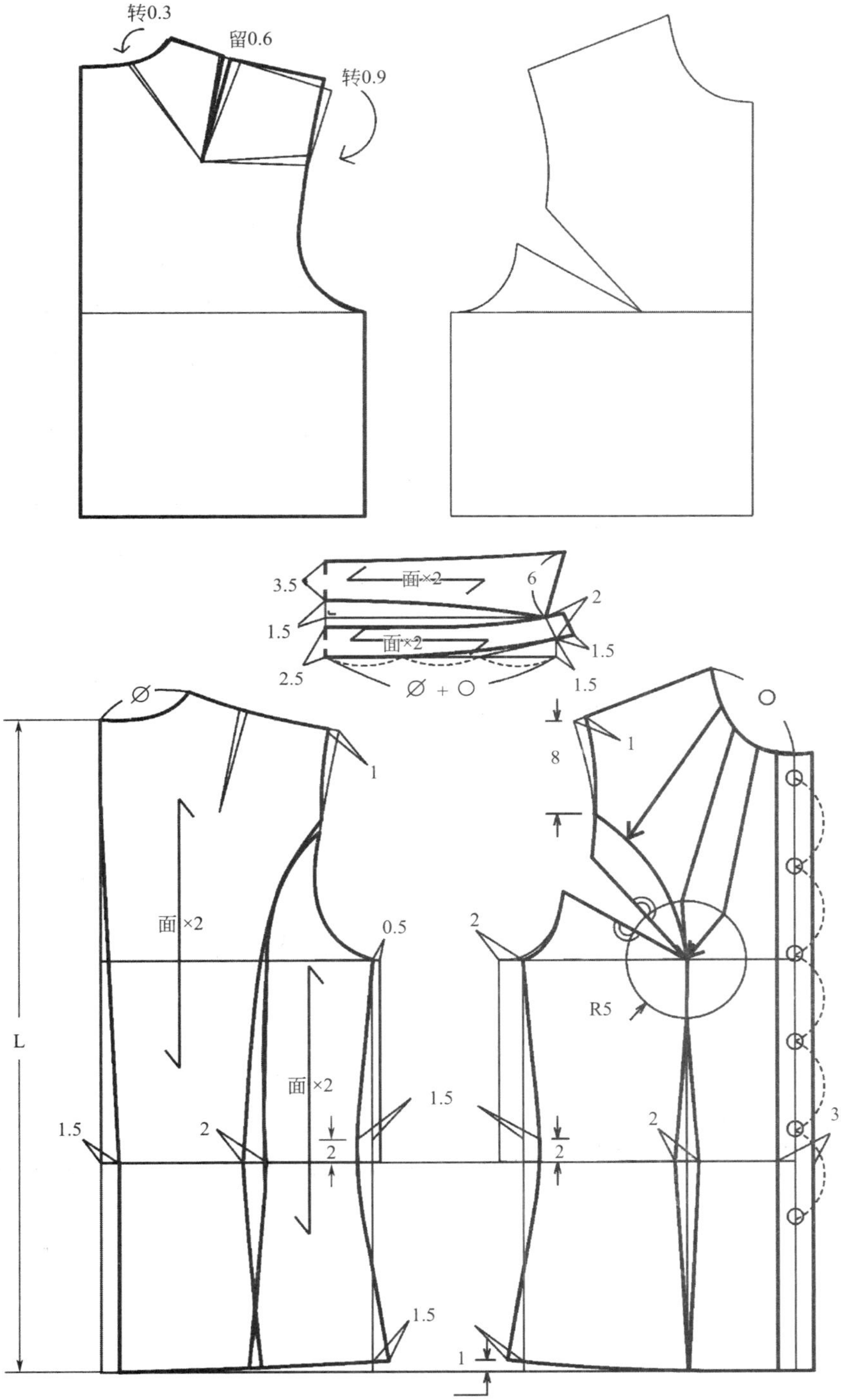

图4-4

① 衣身原型与省 道转移变化

② 半身裙的结构设计

③ 连衣裙的结构设计

④ 单衣结构设计

⑤ 外套的结构设计

⑥ 大衣的结构设计

⑦ 背心的结构设计

⑧ 裤子的结构设计

附录 化式原型 日本文

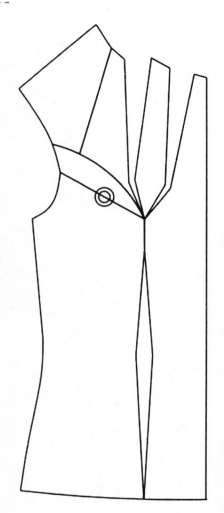

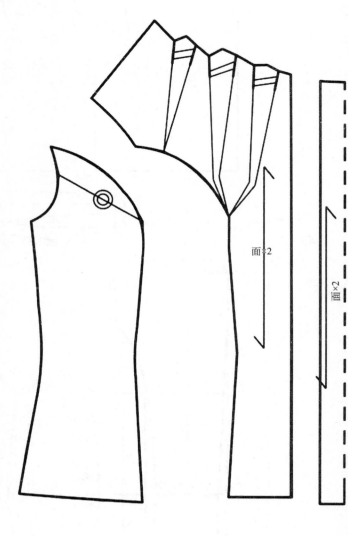

面×2

面×2

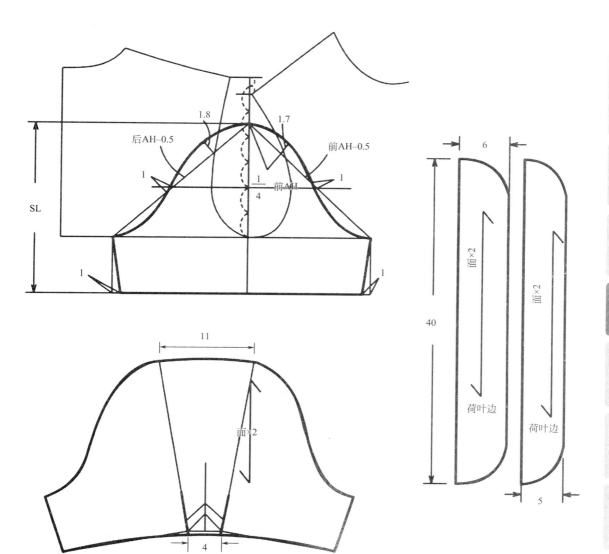

图4-5

① 衣省原型与变化通转移
② 半身裙的结构设计
③ 连衣裙的结构设计
④ 单衣结构设计
⑤ 外套的结构设计
⑥ 大衣的结构设计
⑦ 背心的结构设计
⑧ 裤子的结构设计
附录 日本文化式原型

三、款式三十八

1. 款式分析

此款为较合体型衬衣（见图4-6），胸围松量不大，但肩袖宽松，整体呈现H型。

2. 规格

号型	胸围（B）	臀围（H）	衣长（L）	肩宽（S）	袖长（SL）
160/84A	90cm	96cm	56cm	38cm	8cm

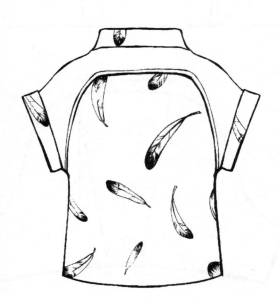

图4-6

3. 结构制图（见图4-7）

● 原型变化同款式三十七。

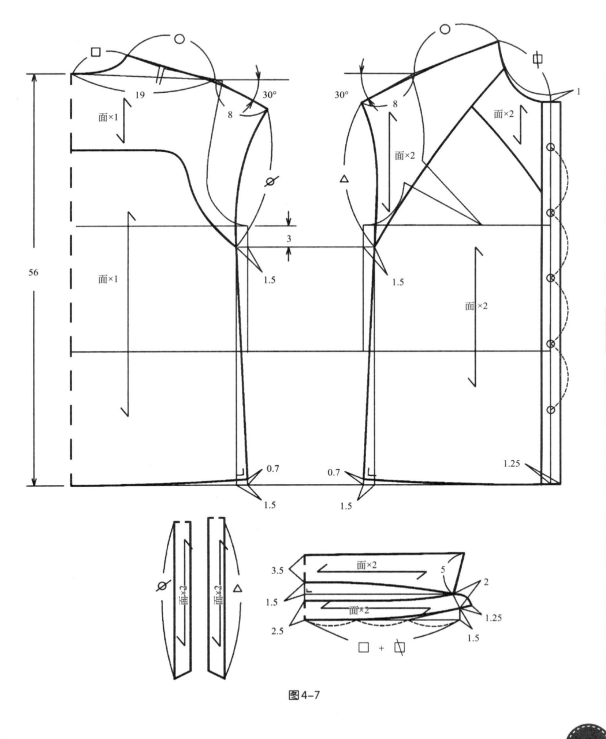

图4-7

① 衣身原型变化与省
道转移

② 半身裙的结构设计

③ 连衣裙的结构设计

④ 单衣的结构设计

⑤ 外套的结构设计

⑥ 大衣的结构设计

⑦ 背心的结构设计

⑧ 裤子的结构设计

附录 化式原型日本文

四、款式三十九

1. 款式分析

　　此款为宽松型衬衣（见图4-8），胸围与腰围松量较大，采用中厚面料，适合春秋季穿着。

2. 规格

号型	胸围（B）	衣长（L）	肩宽（S）	袖长（SL）	袖克夫宽
160/84A	96cm	67cm	38cm	56cm	5cm

图4-8

3. 结构制图（见图4-9）

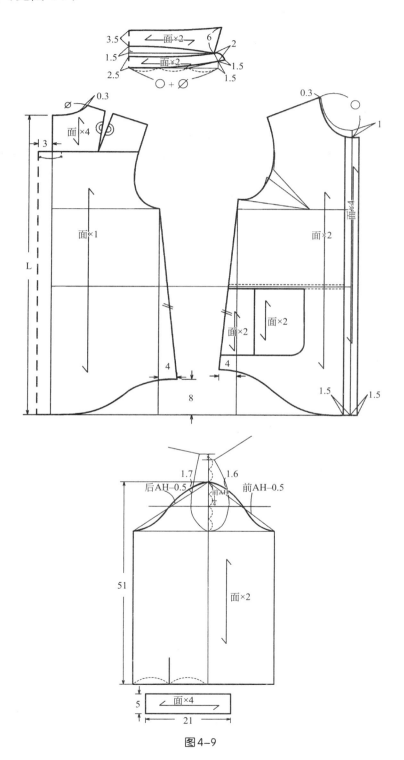

图4-9

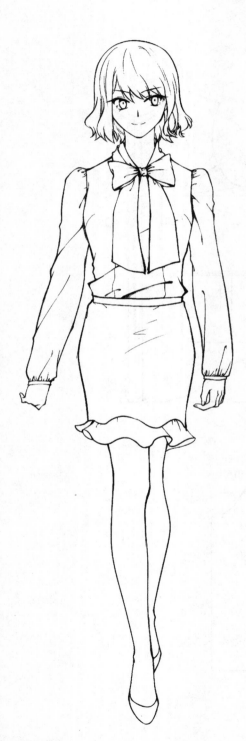

五、款式四十

1. 款式分析

此款衬衣为泡泡袖飘带领合体衬衣，穿着形式为套头（见图4-10）。

2. 规格

号型	胸围（B）	臀围（H）	衣长（L）	肩宽（S）	袖长（SL）
160/84A	91cm	97cm	56cm	36cm	8cm

3. 结构制图（见图4-11，图4-12）

● 原型变化同款式三十七。

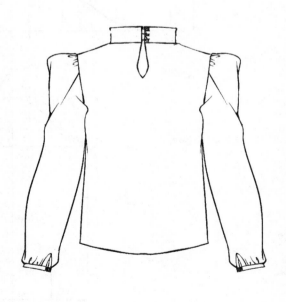

图4-10

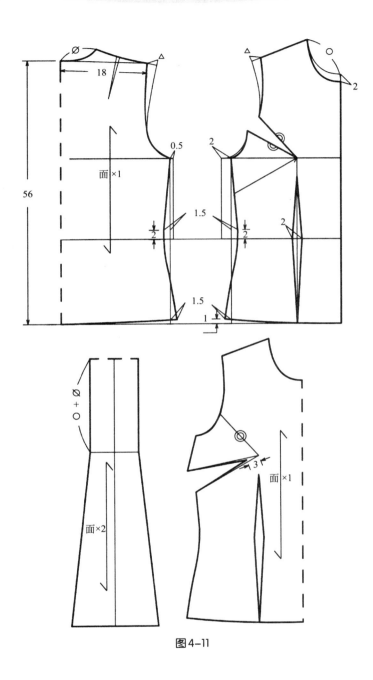

图4-11

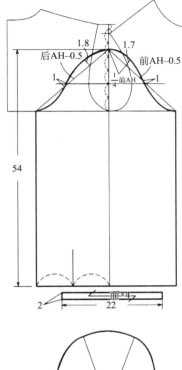

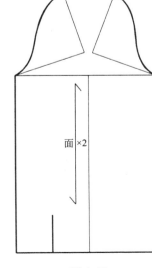

图4-12

六、款式四十一

1. 款式分析

此款衬衣的设计特点为大落肩，衣身整体宽松，袖身较合体（见图4-13）。

2. 规格

号型	胸围（B）	衣长（L）	肩宽（S）	袖长（SL）
160/84A	98cm	57cm	38cm	58cm

3. 结构制图（见图 4-14，图 4-15）

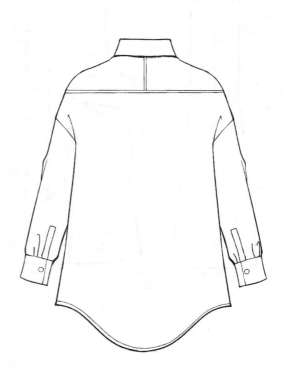

图4-13

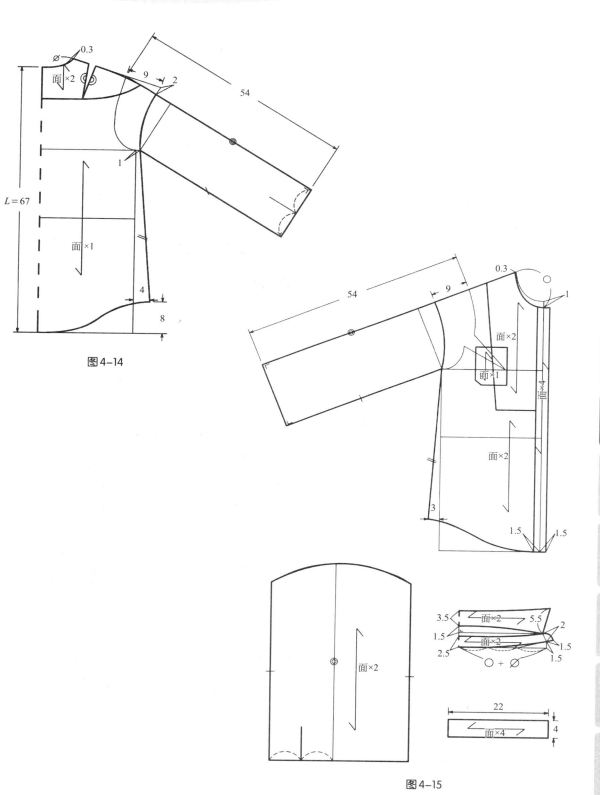

图 4-14

图 4-15

① 衣身原型与省
道转移变化

② 半身裙设计
结构的

③ 连衣裙设计
结构的

④ 单衣结设计
构设计

⑤ 外套结构的设计

⑥ 大衣构设计的结

⑦ 背心构设计的结

⑧ 裤子构设计的结

附录 化式日本文原型

七、款式四十二

1. 款式分析

此款衬衣胸围松量较大，下摆放开，整体呈A字型（见图4-16）。

2. 规格

号型	胸围（B）	衣长（L）	肩宽（S）	袖长（SL）	袖克夫宽
160/84A	96cm	66cm	38cm	57cm	5cm

3. 结构制图（见图4-17）

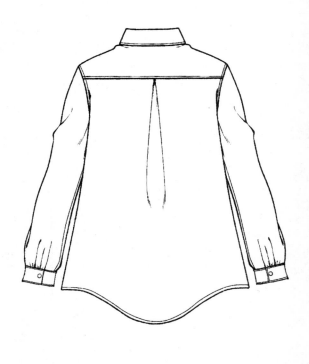

图4-16

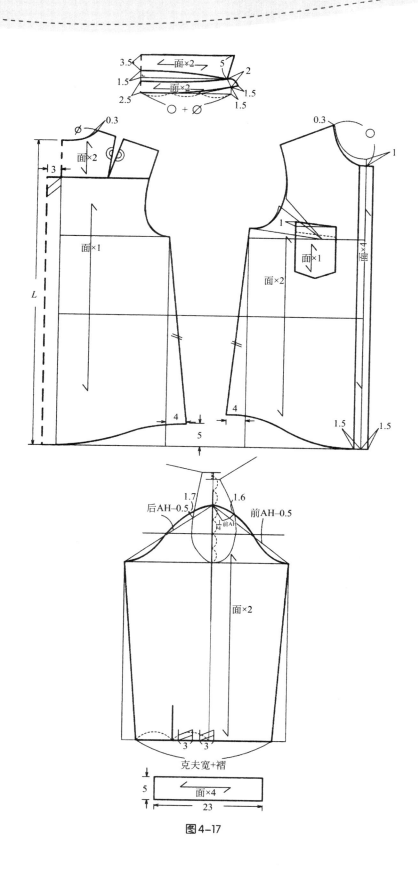

图4-17

①
道转衣移身变原化型与省

②
半结身构裙设的计

③
连结衣构裙设的计

④
单构衣设结计

⑤
外构套设的计结

⑥
大构衣设的计结

⑦
背构心设的计结

⑧
裤构子设的计结

附录
化式日本原型文

八、款式四十三

1. 款式分析

　　袖子的大褶裥为此款衬衣的设计亮点。衬衣衣身合体，袖型采用插肩袖，整体显得干练时尚（见图4-18）。

2. 规格

号型	胸围（B）	臀围（H）	衣长（L）	肩宽（S）	袖长（SL）
160/84A	89cm	95cm	56cm	38cm	57cm

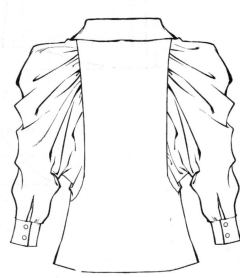

图4-18

3. 结构制图（见图 4-19，图 4-20）

- 原型变化同款式三十七。

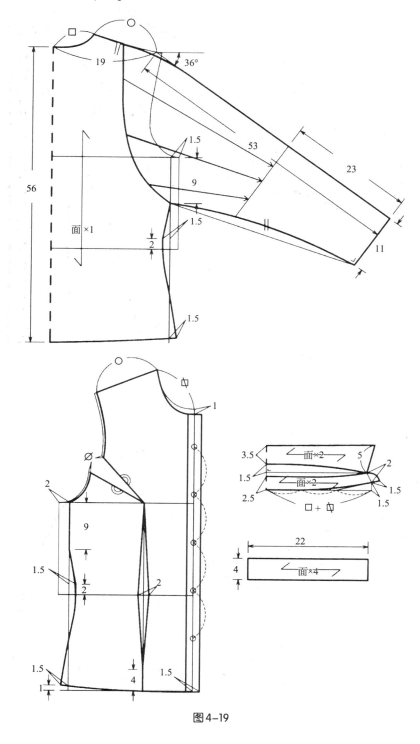

图 4-19

① 衣身原型与省道转移变化

② 半身裙的结构设计

③ 连衣裙的结构设计

④ 单衣的结构设计

⑤ 外套的结构设计

⑥ 大衣的结构设计

⑦ 背心的结构设计

⑧ 裤子的结构设计

附 录 文化式日本原型

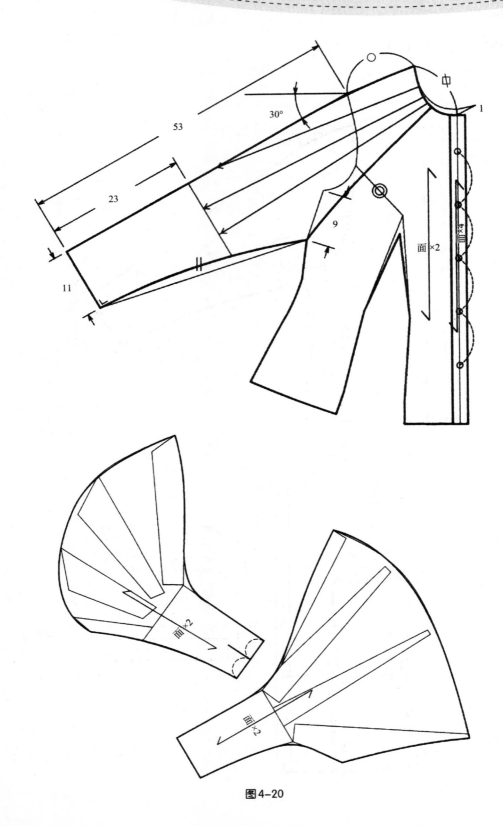

图4-20

九、款式四十四

1. 款式分析

此款为无袖衬衣（见图4-21），前中下摆加长，可系结。采用轻薄面料，适合夏季穿着。

2. 规格

号型	胸围 （B）	腰围 （W）	臀围 （H）	衣长 （L）	肩宽 （S）
160/84A	89cm	83cm	95cm	62cm	38cm

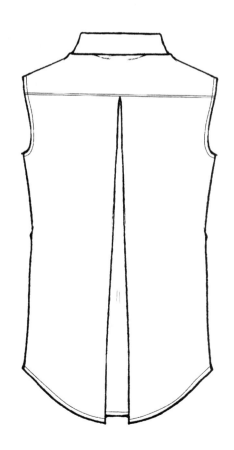

图4-21

3. 结构制图（见图4-22）

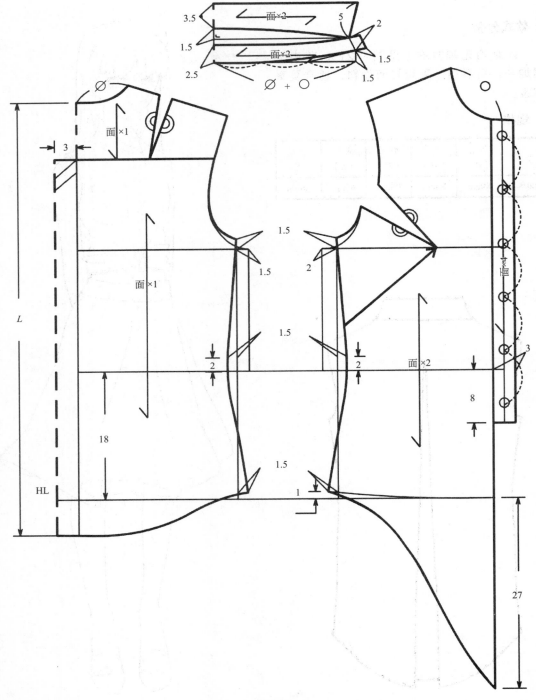

图4-22

十、款式四十五

1. 款式分析

　　此款单衣前下摆展开，形成波浪型下摆。采用棉麻面料，适合春夏外穿（见图4-23）。

2. 规格

号型	胸围（B）	衣长（L）	肩宽（S）	袖长（SL）
160/84A	96cm	75cm	38.5cm	20cm

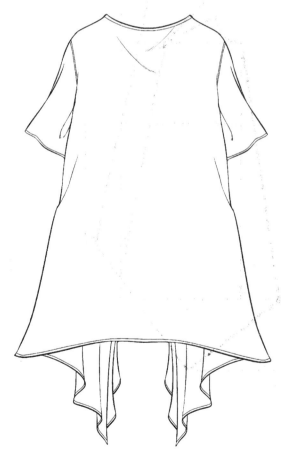

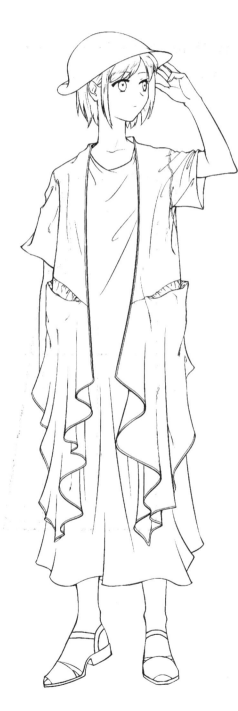

图4-23

① 衣身原型与省道转移变化

② 半身裙的结构设计

③ 连衣裙的结构设计

④ 单衣结构设计

⑤ 外套的结构设计

⑥ 大衣的结构设计

⑦ 背心的结构设计

⑧ 裤子的结构设计

附录 日本文化式原型

3. 结构制图（见图 4-24 ~ 图 4-26）

● 原型变化同款式三十七。

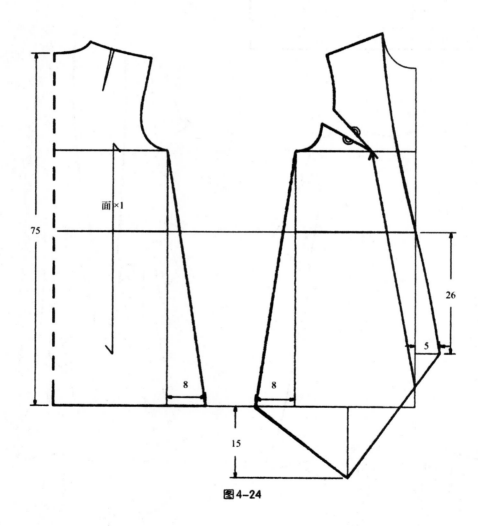

面×1

75

26

5

8   8

15

图4-24

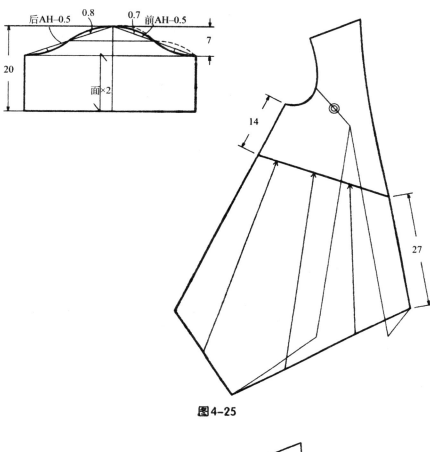

图4-25

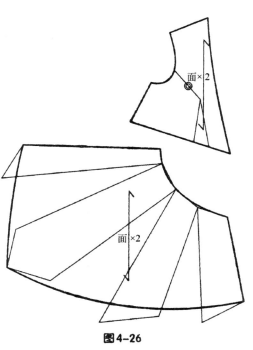

图4-26

十一、款式四十六

1. 款式分析

此款为一片领直身女衬衣（见图4-27），外形轮廓呈直线型，一片领，短袖。由于是宽松的设计，所以胸围上给8cm的松量。

2. 规格

号型	胸围（B）	臀围（H）	衣长（L）	肩宽（S）	袖长（SL）
160/84A	92cm	94cm	58cm	38.5cm	25cm

3. 结构制图（见图4-28，图4-29）

● 原型先转移后肩胛骨省道和缩小前胸省，方法同款式二十七。

图4-27

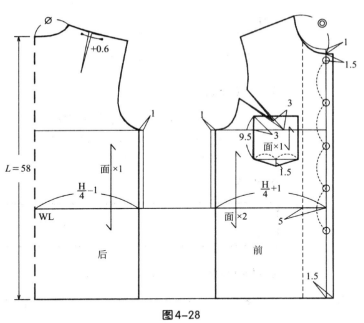

图4-28

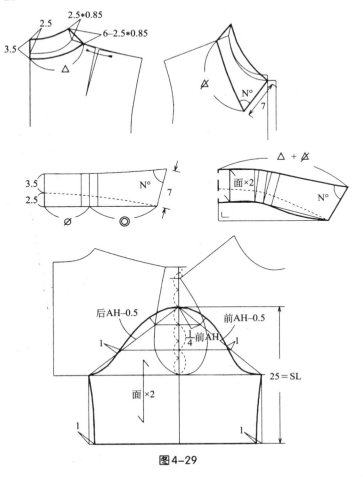

图4-29

① 衣身原型与省
道转移变化

② 半身裙的计
结构设计

③ 连衣裙的计
结构设计

④ 单衣设计
构结

⑤ 外套的结
构设计

⑥ 大衣的结
构设计

⑦ 背心设计
的结构

⑧ 裤子的结
构设计

附 化式原型
录 日本文

101

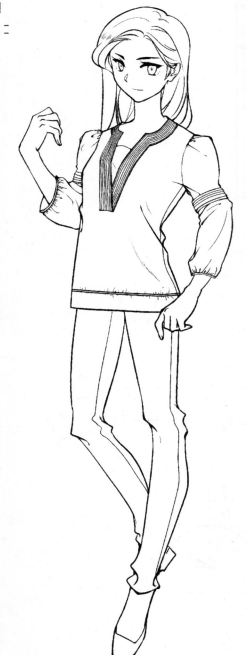

十二、款式四十七

1. 款式分析

此款为无领中袖衬（见图4-30），衣身放开，没有收省，领口与袖口的细节设计，简单大方。一般采用素色的纯棉布。

2. 规格

号型	胸围（B）	衣长（L）	肩宽（S）	袖长（SL）
160/84A	92cm	55cm	37cm	43cm

3. 结构制图（见图4-31，图4-32）

● 原型先转移后肩胛骨省道和缩小前胸省，方法同款式二十七。

图4-30

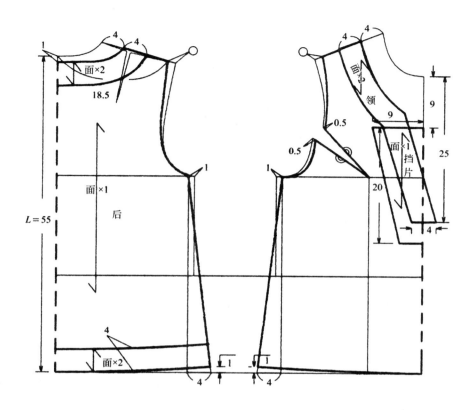

面×2

18.5

4 4

面×1

后

L=55

1

1

面×2

4

4 1 1 4

面×2 领 9

9

0.5

0.5

面×1 挡片

20

25

4

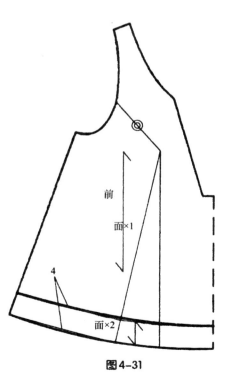

前

面×1

面×2

4

图4-31

① 道转移变化 衣身原型与省 结构设计

② 半身裙的 结构设计

③ 连衣裙的 结构设计

④ 单衣的 构结设计

⑤ 外套的 构结设计

⑥ 大衣的 构结设计

⑦ 背心的 构结设计

⑧ 裤子的 构结设计

附录 日本文化式原型

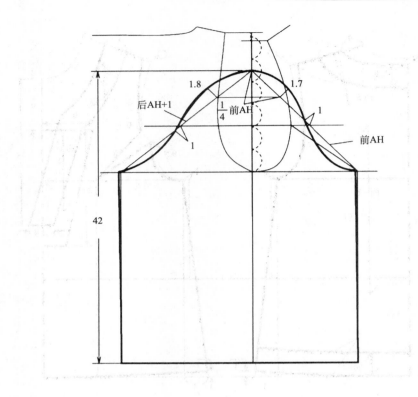

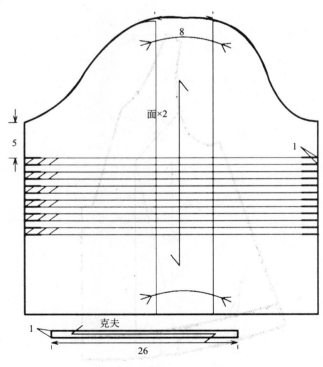

图4-32

十三、款式四十八

1. 款式分析

此款为蝴蝶结合体衬衣（见图4-33），胸围与腰围上的松量较小，衣身比较贴合人体曲线。衬衣的袖子为灯笼短袖，配合前胸的蝴蝶结，显得青春活泼。

2. 规格

号型	胸围 （B）	腰围 （W）	臀围 （H）	衣长 （L）	肩宽 （S）	袖长 （SL）
160/84A	88cm	74cm	95cm	56cm	37cm	22cm

3. 结构制图（见图4-34，图4-35）

● 原型先转移后肩胛骨省道，方法同款式三十八。

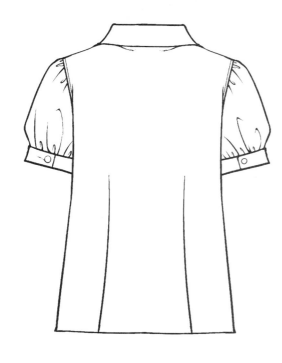

图4-33

① 衣身原型变化与省道转移

② 半身裙的设计结构

③ 连衣裙的设计结构

④ 单衣的设计结构

⑤ 外套的设计结构

⑥ 大衣的设计结构

⑦ 背心的设计结构

⑧ 裤子的设计结构

附录 日本文化式原型

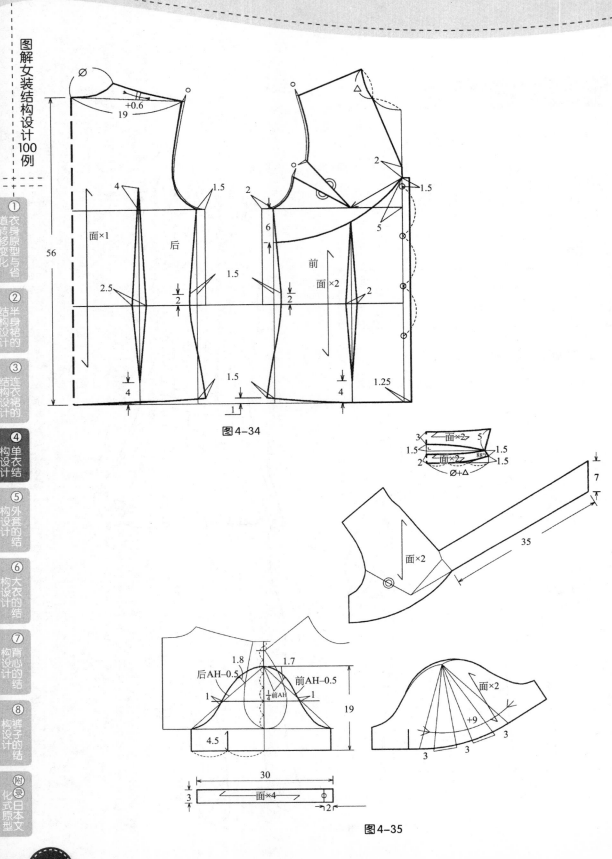

图4-34

图4-35

十四、款式四十九

1. 款式分析

此款衬衣（见图4-36），前片在胸下有分割，做了抽褶，显得俏皮可爱。后背用育克分割，顺利解决肩胛骨省道。

2. 规格

号型	胸围（B）	腰围（W）	臀围（H）	衣长（L）	肩宽（S）	袖长（SL）
160/84A	88cm	75cm	95cm	56cm	37cm	57cm

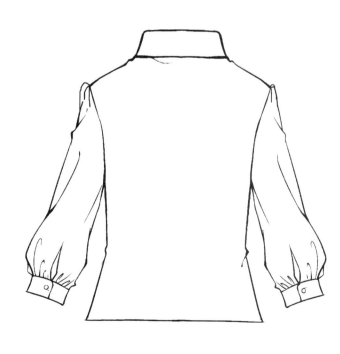

图4-36

① 衣身原型与省道转移变化

② 半身裙的结构设计

③ 连衣裙的结构设计

④ 单衣的结构设计

⑤ 外套的结构设计

⑥ 大衣的结构设计

⑦ 背心的结构设计

⑧ 裤子的结构设计

附录 日本文化式原型

3.结构制图（见图4-37，图4-38）

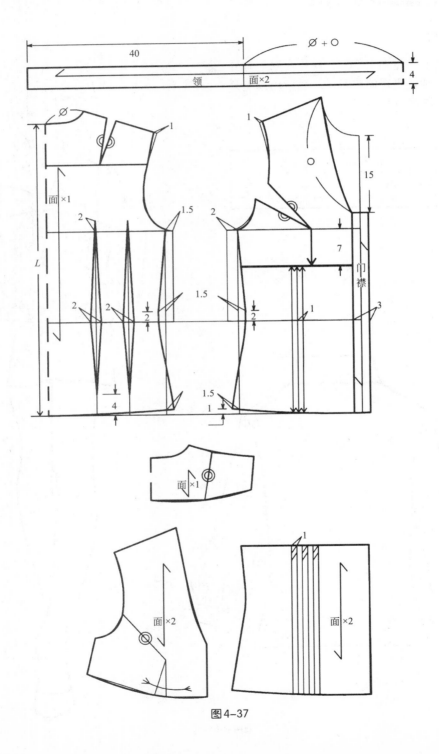

图4-37

①
衣身原型与省
道转移变化

②
半身裙的
结构设计

③
连衣裙的
结构设计

④
单衣结
构设计

⑤
外套的结
构设计

⑥
大衣的结
构设计

⑦
背心的结
构设计

⑧
裤子的结
构设计

附录
日本文
化式原型

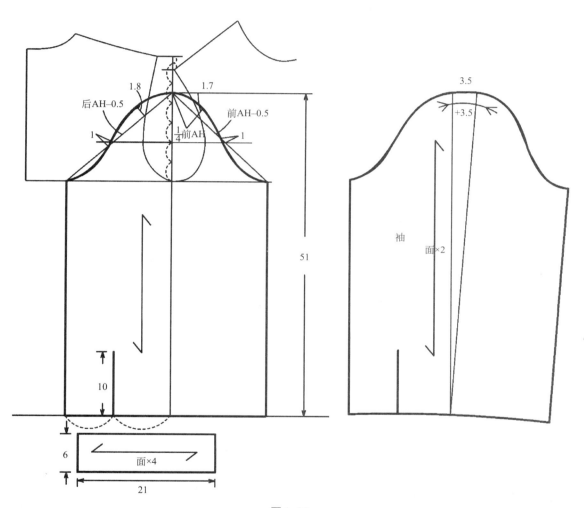

图4-38

① 衣身原型与省 道转移变化

② 半身裙的 结构设计

③ 连衣裙的 结构设计

❹ 单衣 结构 设计

⑤ 外套的 结构设计

⑥ 大衣的 结构设计

⑦ 背心的 结构设计

⑧ 裤子的 结构设计

附录 日本文化式原型

后AH-0.5

1.8

1.7

前AH-0.5

1

$\frac{1}{4}$前AH

1

51

10

面×4

6

21

3.5

+3.5

袖

面×2

十五、款式五十

1. 款式分析

　　小立领衬衣（见图4-39），衣身采用公主线分割。领口处增加荷叶边设计，显出女性的柔美。可采用纯棉素色布、花格布、碎花布等材料。

2. 规格

号型	胸围（B）	腰围（W）	臀围（H）	衣长（L）	肩宽（S）	袖长（SL）
160/84A	89cm	74cm	95cm	56cm	38cm	55cm

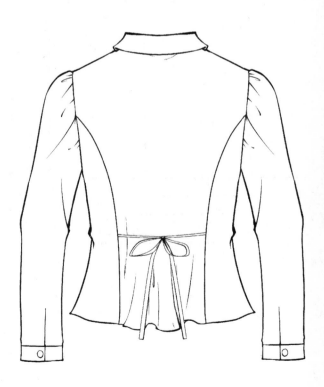

图4-39

3. 结构制图（见图 4-40，图 4-41）

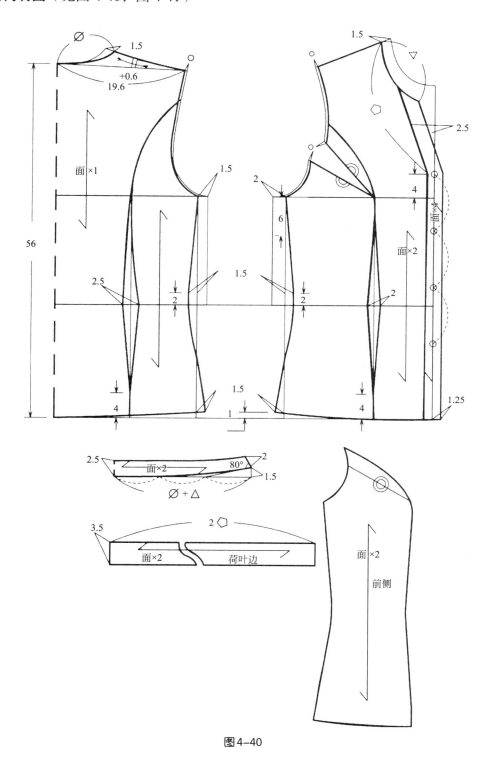

图 4-40

① 遍转移变化 衣身原型与省

② 结构设计 半身裙的

③ 结构设计 连衣裙的

❹ 单构 衣设 结计

⑤ 外构 套设 的结

⑥ 构设 大衣计 的结

⑦ 背构设 心的计 结

⑧ 裤构设 子的计 结

附 录 化式原型 日本文型

111

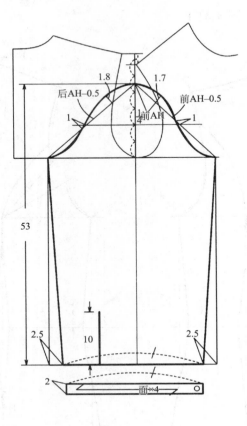

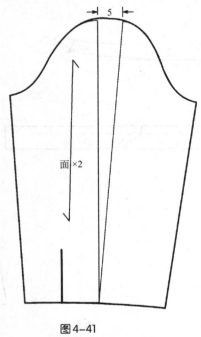

图4-41

1. 款式分析

此款为休闲衬衣（见图4-42），后背有育克分割线解决肩胛骨省道。整体较为合身，只是腰围松量稍微放大一点。袖子的变化是设计的亮点。

2. 规格

号型	胸围 （B）	腰围 （W）	臀围 （H）	衣长 （L）	肩宽 （S）	袖长 （SL）
160/84A	89cm	78cm	95cm	56cm	37cm	56cm

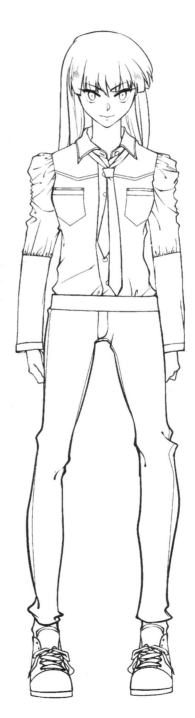

图4-42

3. 结构制图（见图 4-43，图 4-44）

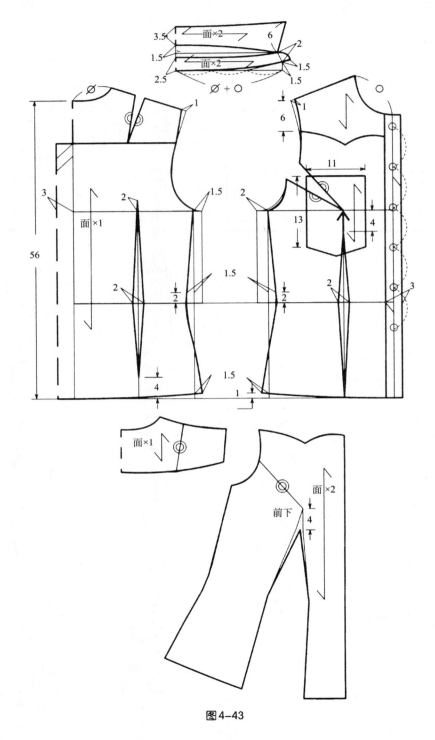

①衣身原型与省
遵转移变化

②半身裙的
结构设计

③连衣裙的
结构设计

④单衣
结构设计

⑤外套的
结构设计

⑥大衣的
结构设计

⑦背心的
结构设计

⑧裤子的
结构设计

附录日本文
化式原型

图 4-43

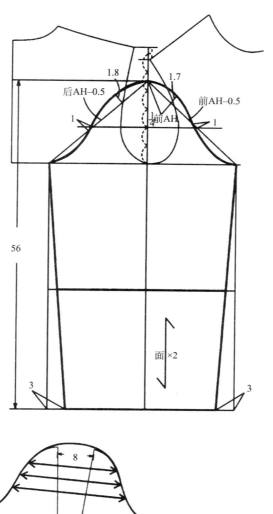

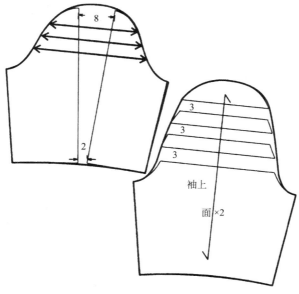

图4-44

十七、款式五十二

1. 款式分析

此款为立领花边袖衬衣（见图4-45）。胸围合体，腰围只有在侧缝微微收紧，显得较为舒适。前胸省全部转移到肩部，配上短的花边袖，整个服装的设计重点在肩部。

2. 规格

号型	胸围（B）	腰围（W）	臀围（H）	衣长（L）	肩宽（S）	袖长（SL）
160/84A	89cm	84cm	95cm	56cm	38cm	11cm

3. 结构制图（见图 4-46，图 4-47）

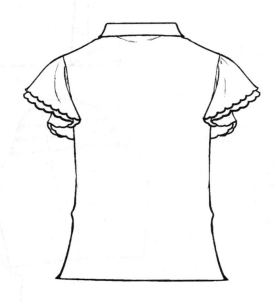

图4-45

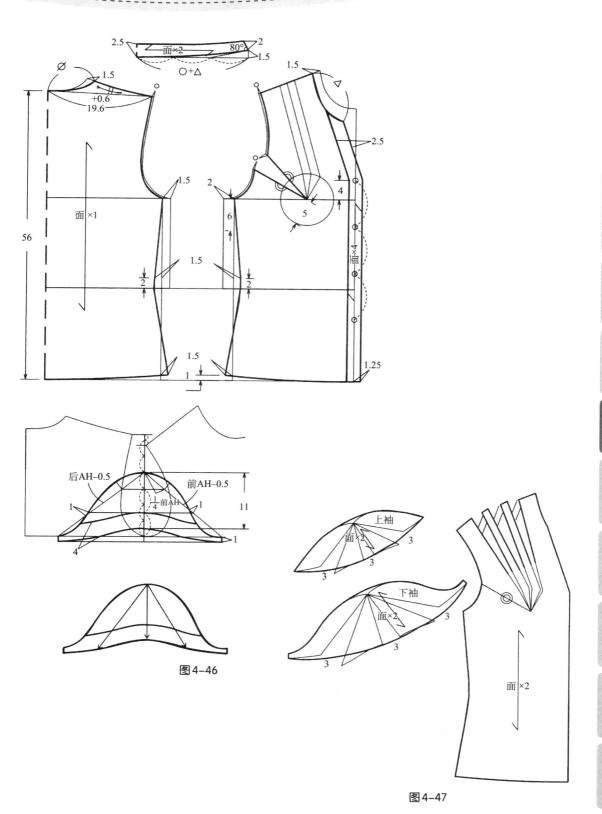

2.5　面×2　80°　2

1.5

○+△

Ø　1.5　+0.6　19.6

1.5

2

6

1.5

4

5

面×1

面×4

2.5

1.5

56

2　1.5　2

1.5　1

1.25

后AH−0.5　前AH−0.5

1　1/4前AH　1

11

4　1

上袖　面×2　3

3　3

下袖　面×2　3

3　3

面×2

图4-46

图4-47

① 衣身原型变化与道转移省

② 半身裙结构设计

③ 连衣裙结构设计

❹ 单衣结构设计

⑤ 外套结构设计

⑥ 大衣结构设计

⑦ 背心结构设计

⑧ 裤子结构设计

附录 化式日本文原型

十八、款式五十三

1. 款式分析

此款式在胸围与腰围上的松量较小，衣身比较贴合人体曲线。衬衣领型有两个平领组合而成。衣身前胸有抽褶，风格清新活泼（见图4-48）。

2. 规格

号型	胸围（B）	腰围（W）	臀围（H）	衣长（L）	肩宽（S）	袖长（SL）
160/84A	88cm	74cm	95cm	54cm	38cm	22cm

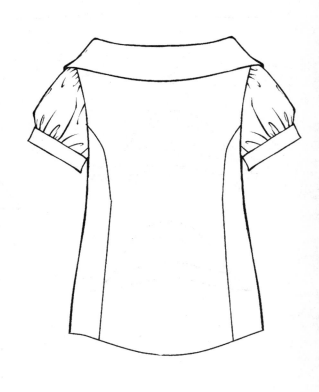

图4-48

3. 结构制图（见图 4-49，图 4-50）

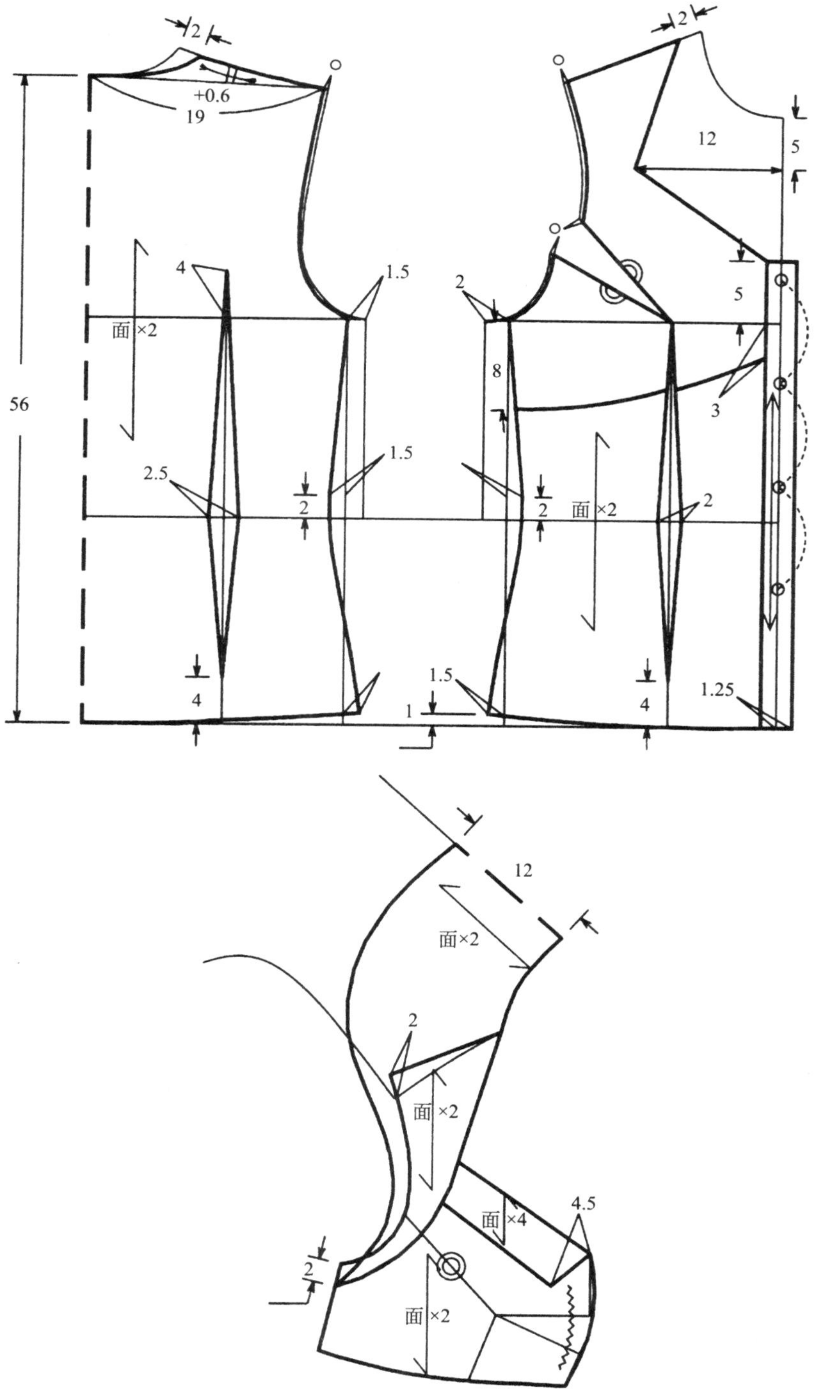

图4-49

① 衣身原型与省道转移变化

② 半身裙的结构设计

③ 连衣裙的结构设计

❹ 单衣设计的结构

⑤ 外套设计的结构

⑥ 大衣设计的结构

⑦ 背心设计的结构

⑧ 裤子设计的结构

附录 日本文化式原型

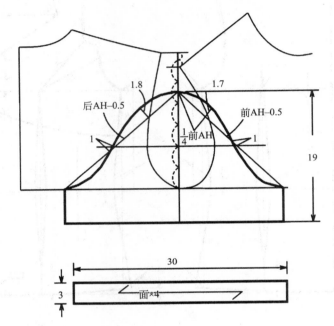

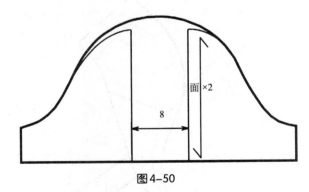

图4-50

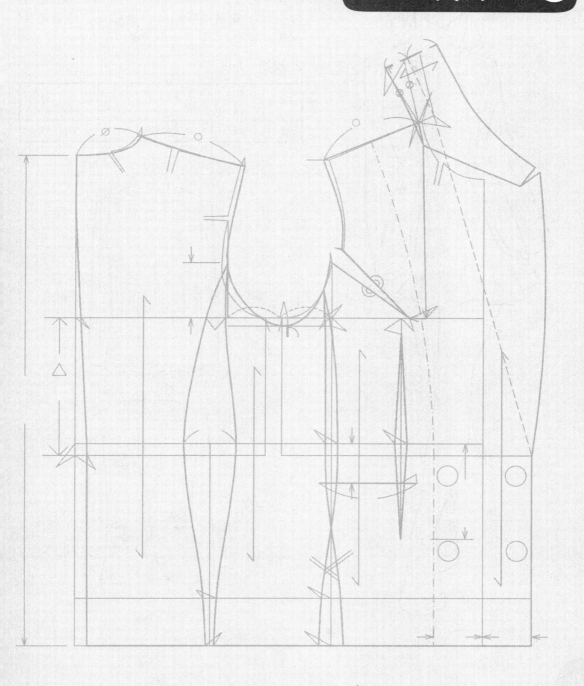

图 5-1

一、款式五十四

1. 款式分析

此款外套为无领对襟设计（见图5-1）。袖山头方形设计是本款式的特色。四开身西服比较合体，胸围给6cm的松量较小，适合春天穿着。

2. 规格

号型	胸围（B）	腰围（W）	臀围（H）	衣长（L）	肩宽（S）	袖长（SL）
160/84A	90cm	77cm	99.6cm	56cm	38.5cm	58cm

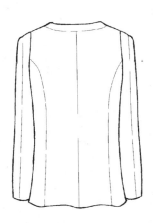

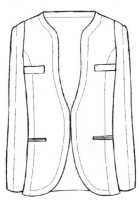

3. 结构制图（见图 5-2 ~ 图 5-4）

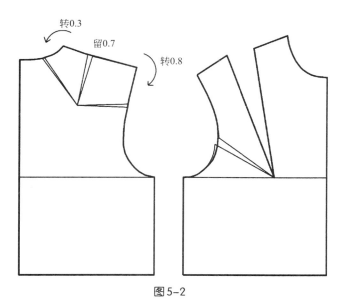

留 $\dfrac{1}{3}$

转0.3

留0.7

转0.8

图 5-2

① 道转移变化 衣身原型与省

② 结构设计 半身裙的

③ 结构设计 连衣裙的

④ 构设计 单衣结

❺ 外套构设计的结

⑥ 大衣构设计的结

⑦ 背心构设计的结

⑧ 裤子构设计的结

附录 化式原型 日本文

123

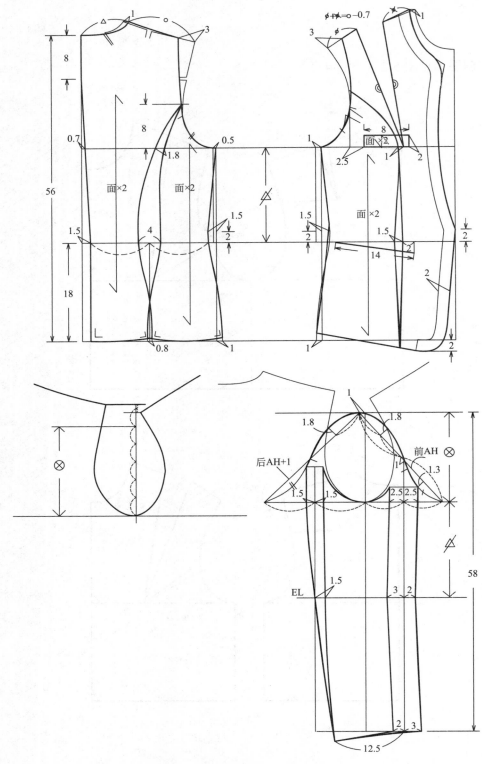

图5-3

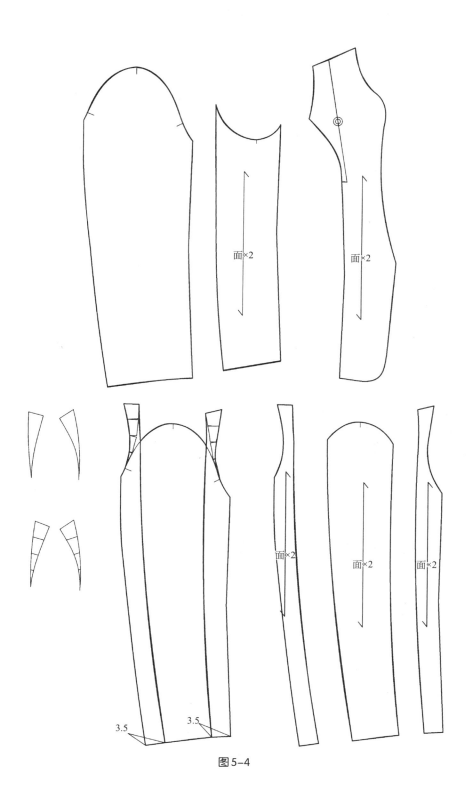

图5-4

面×2

面×2

面×2

面×2

面×2

3.5

3.5

①
衣身原型与省
适转移变化

②
半身裙的
结构设计

③
连衣裙的
结构设计

④
单衣
结构设计

⑤
外套设计
的结构

⑥
大衣的
结构设计

⑦
背心设计
的结构

⑧
裤子的
结构设计

附
录
日本文化式原型

二、款式五十五

1. 款式分析

　　这款服装属于A字摆外套（见图5-5），全身无省无收腰，插肩袖设计，领口和袖口运用罗纹收口，前片有扣子，后片为一整片。

2. 规格

号型	胸围（B）	臀围（H）	腰围（W）	衣长（L）	袖长（SL）
160/84A	96cm	110cm	100cm	62cm	61cm

3. 结构制图（见图5-6 ~ 图5-8）

- 前片有胸省的结构，变化前片原型，合并胸省，侧缝变长，下降胸省的1/2修顺袖笼弧线，腰线延长胸省的1/2。
- 腰线，胸围线对齐放置原型。后片加长为衣长的长度，下摆扩摆，肩省转移。
- 前片根据后片加长相应长度，下摆扩摆，前中加宽。
- 根据中性插肩袖的方法绘制插肩袖，画出袖克夫。
- 前领和后领合并，得最终纸样。

图5-5

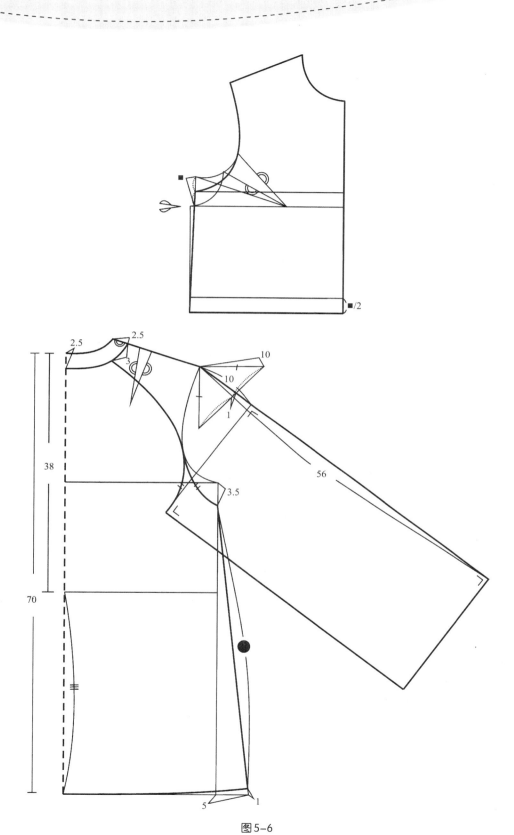

图5-6

① 衣身原型与省道转移变化
② 半身裙的结构设计
③ 连衣裙的结构设计
④ 单衣结构设计
⑤ 外套的结构设计
⑥ 大衣的结构设计
⑦ 背心的结构设计
⑧ 裤子的结构设计
附录 日本文化式原型

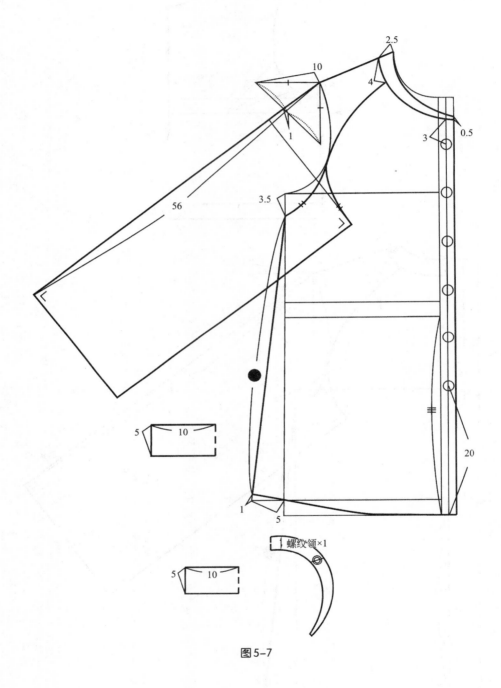

图5-7

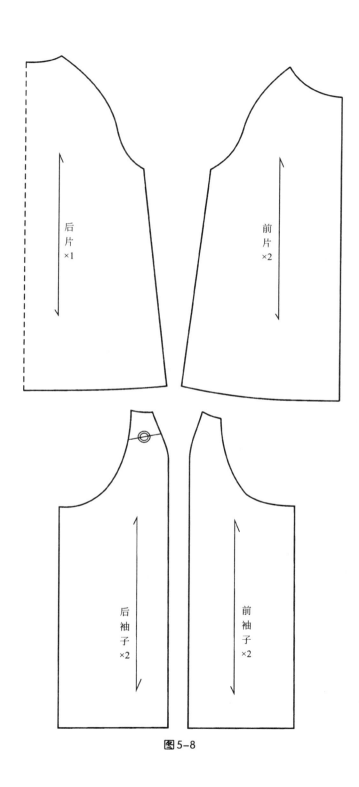

图 5-8

后片
×1

前片
×2

后袖子
×2

前袖子
×2

三、款式五十六

1. 款式分析

这款卫衣属于半合体服装（见图5-9），前后无省无分割，上部有连衣帽，下摆与袖口有罗纹收口，腰部有轻微收腰，侧插袋。

2. 规格

号型	胸围（B）	臀围（H）	腰围（W）	衣长（L）	袖长（SL）
160/84A	96cm	94cm	92cm	60cm	60cm

3. 结构制图（见图 5-10 ～图 5-12）

● 前片有胸省的结构，变化前片原型，合并胸省，侧缝变长，下降胸省的1/2修顺袖笼弧线，腰线延长胸省的1/2。

图5-9

- 腰线，胸围线对齐放置原型，后片肩省转移至领窝弧线上，延长后中线为衣长。腰部向里1cm，下摆向上6cm宽度为H/4−2.5。
- 前片加长●，领口下降1.5cm修顺领窝弧线，侧缝相等，修顺下摆弧线。腰部向里1cm。腰线向上4cm向下8cm做出长12cm的袋口记号。
- 袖子原型画法画出袖子，袖克夫宽5cm长20cm，袖长＝袖子＋袖克夫宽。

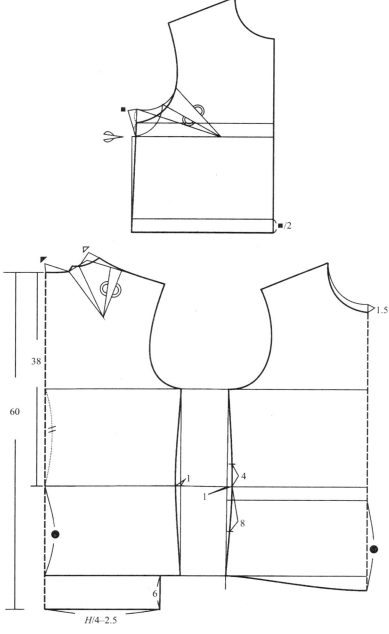

图5−10

① 衣身原型与省 一道转移变化
② 半身裙的结构设计
③ 连衣裙的结构设计
④ 单衣结构设计
⑤ 外套的结构设计
⑥ 大衣的结构设计
⑦ 背心的结构设计
⑧ 裤子的结构设计
附录 日本文化式原型

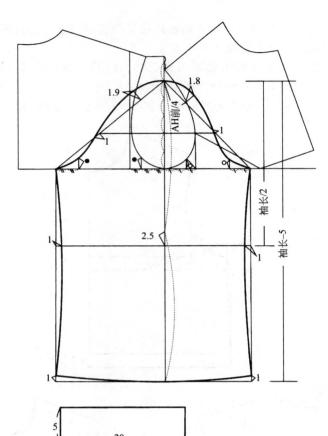

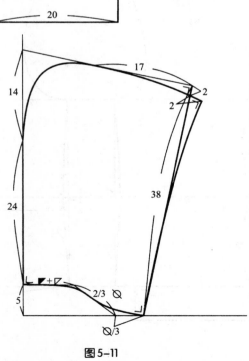

图5-11

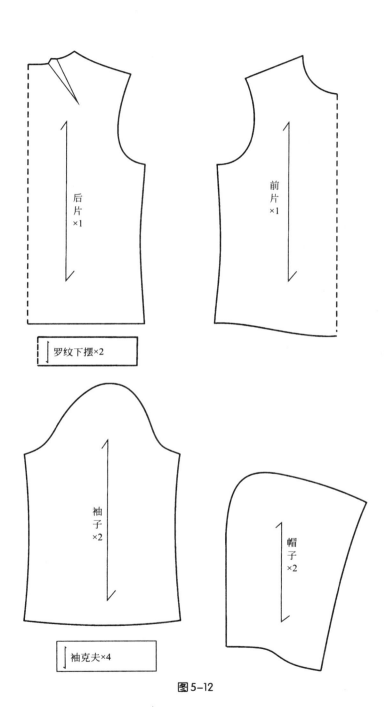

后片
×1

前片
×1

罗纹下摆×2

袖子
×2

帽子
×2

袖克夫×4

图5-12

四、款式五十七

1. 款式分析

该款服装为修身皮夹克。衣长在腰围下约12cm，大翻驳领。袖子合体，袖肘处有分割线，衣身后片有育克（见图5-13）。

2. 规格

号型	胸围（B）	臀围（H）	腰围（W）	衣长（L）	肩宽（S）	袖长（SL）
160/84A	96cm	98cm	86cm	50cm	39cm	56cm

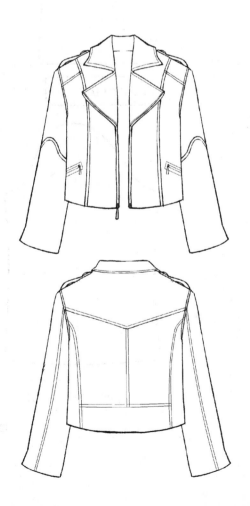

图 5-13

3. 结构制图（见图 5-14 ～图 5-16）

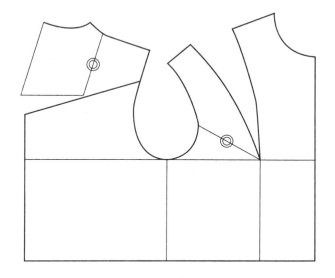

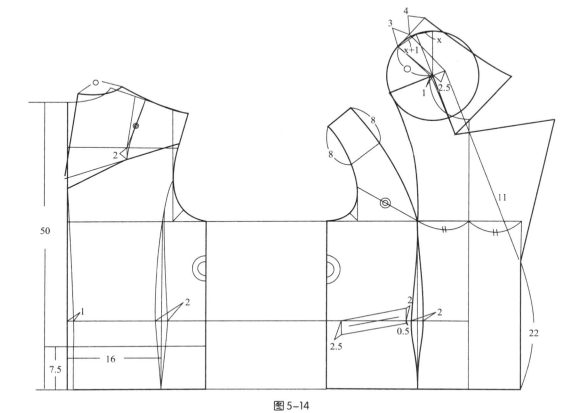

图 5–14

① 道转移变化
衣身原型与省

② 结构设计
半身裙的

③ 结构设计
连衣裙的

④ 构设计
单衣结

❺ 外套设计
构的结

⑥ 大构设计
衣的结

⑦ 背心设计
的结构

⑧ 构设计
裤子的结

附 化式原型
录 日本文

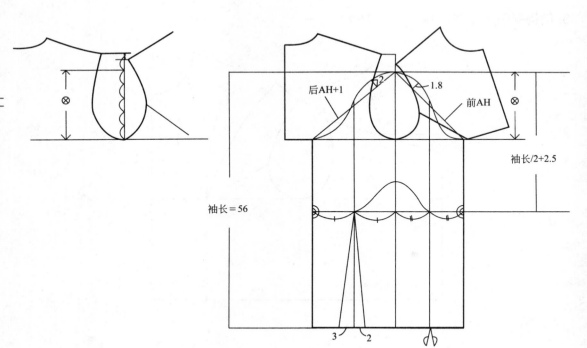

后AH+1　　　1.8　　　前AH

袖长/2+2.5

袖长 = 56

3　2

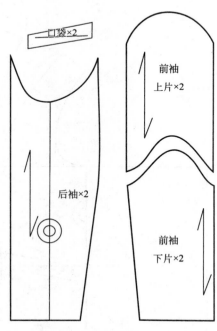

口袋×2

前袖 上片×2

后袖×2

前袖 下片×2

图5-15

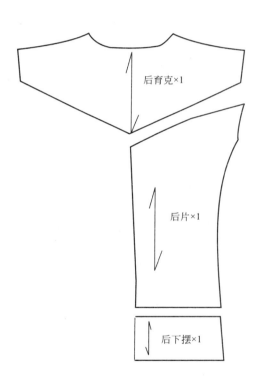

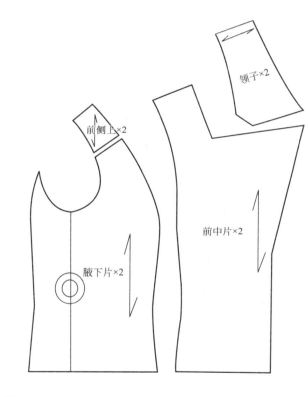

图 5-16

五、款式五十八

1. 款式分析

　　该款服装为宽松的冬季棉服（见图5-17），胸围给16cm的松量。假两件套，外层大翻领可直接拉至脖子上方，内层常用针织面料，具有保暖功能，有连帽衫。袖口处也为假两层，外短内长。

2. 规格

号型	胸围（B）	腰围（W）	衣长（L）	肩宽（S）	袖长（SL）
160/84A	112cm	86cm	65cm	39cm	65cm

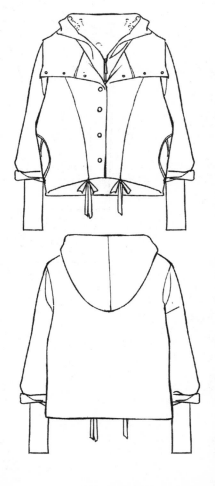

图5-17

3. 结构制图（见图 5-18 ~ 图 5-20）

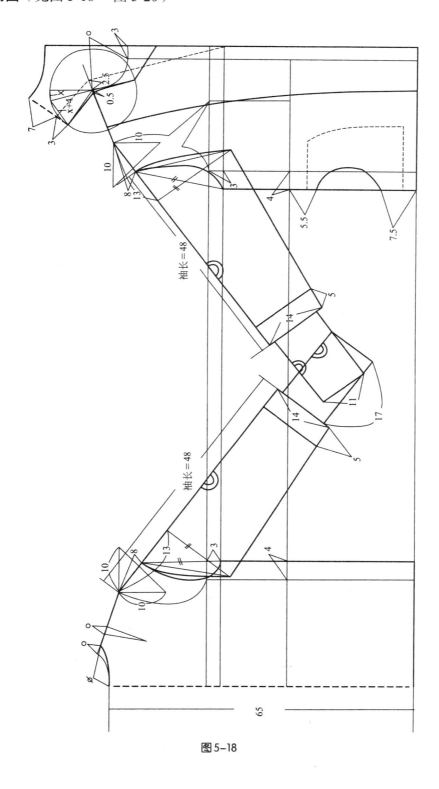

图 5-18

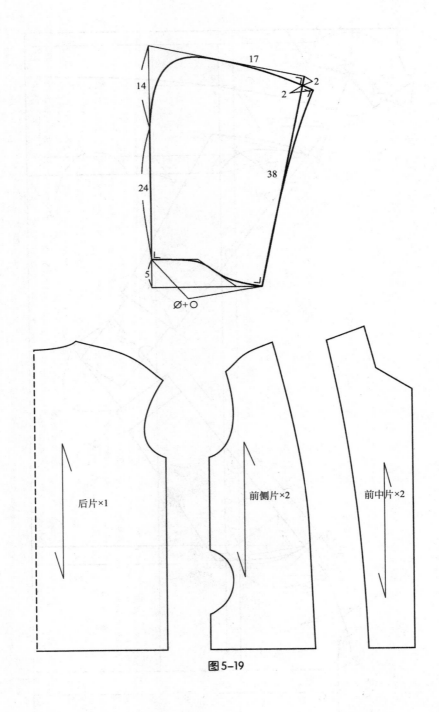

图 5-19

后片×1　　前侧片×2　　前中片×2

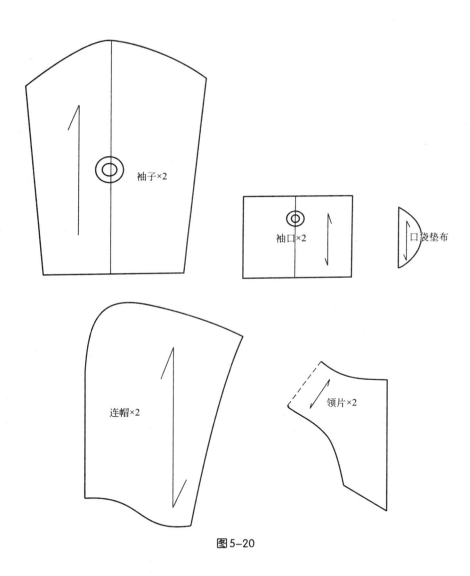

袖子×2

袖口×2

口袋垫布

连帽×2

领片×2

图5-20

① 衣身原型与省道转移变化

② 半身裙的结构设计

③ 连衣裙的结构设计

④ 单衣的结构设计

❺ 外套的结构设计

⑥ 大衣的结构设计

⑦ 背心的结构设计

⑧ 裤子的结构设计

附录 文化式日本原型

六、款式五十九

1. 款式分析

　　西服套装可根据里面穿着的服装和下装进行搭配，从休闲到正式都有，穿着范围广泛。枪驳领指领嘴尖锐的造型，由于驳头形状得名。三开身西服一般比较宽松，胸围给10cm的松量，此款西服肩部合体，没有垫肩（见图5-21）。

2. 规格

号型	胸围（B）	臀围（H）	腰围（W）	衣长（L）	肩宽（S）	袖长（SL）
160/84A	94cm	101cm	78cm	62cm	39cm	58cm

图5-21

3. 结构制图（见图 5-22 ~ 图 5-24）

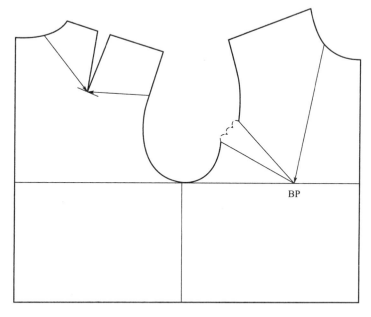

BP

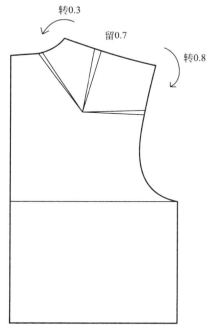

转0.3

留0.7

转0.8

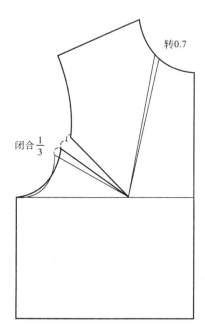

转0.7

闭合 $\frac{1}{3}$

图 5-22

① 衣身原型与省道转移变化

② 半身裙的结构设计

③ 连衣裙的结构设计

④ 单衣的结构设计

⑤ 外套的结构设计

⑥ 大衣的结构设计

⑦ 背心的结构设计

⑧ 裤子的结构设计

附录 化式原型日本文

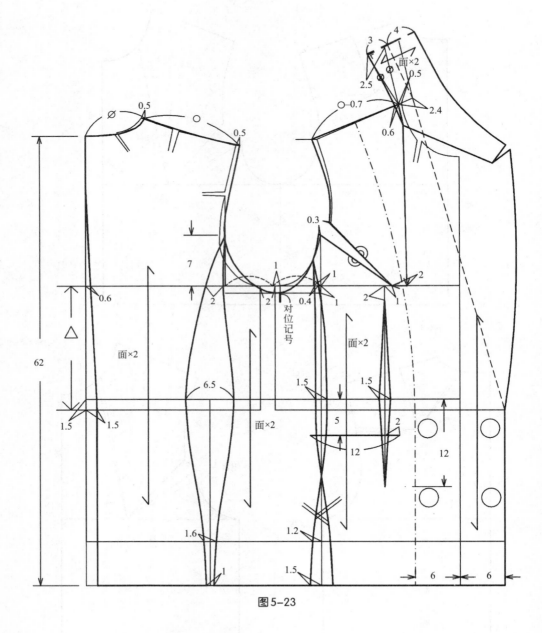

图5-23

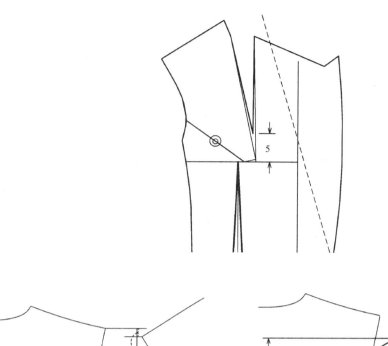

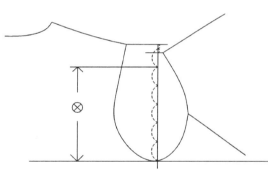

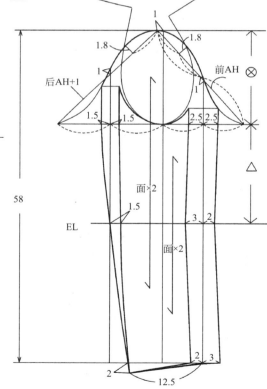

图 5-24

① 衣身原型与省
道转移变化

② 半身裙的
结构设计

③ 连衣裙的
结构设计

④ 单衣
结构设计

⑤ 外套的
结构设计

⑥ 大衣
结构设计

⑦ 背心的
结构设计

⑧ 裤子的
结构设计

附录 化式日本原型文

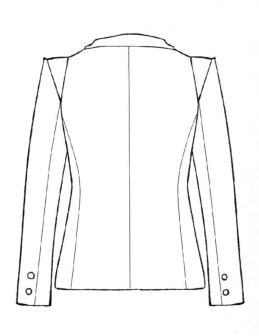

七、款式六十

1. 款式分析

四开身合体西服（见图5-25）。前身先转移胸省到肩上，方便开刀缝形状的设计。肩部设计为翘肩，人为增加肩的高度，使偏离人体，这也是这件服装的设计亮点。

2. 规格

号型	胸围（B）	腰围（W）	臀围（H）	衣长（L）	肩宽（S）	袖长（SL）
160/84A	90cm	75cm	97.6cm	56cm	38cm	58cm

图5-25

3. 结构制图（见图 5-26，图 5-27）

● 原型先转移后肩胛骨省道和缩小前胸省，方法同款式五十四。

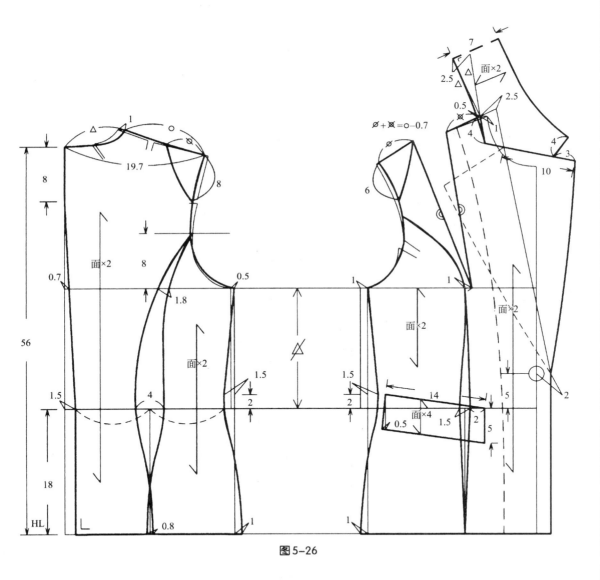

图 5-26

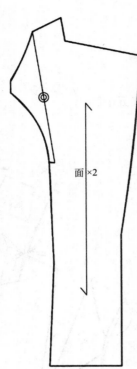

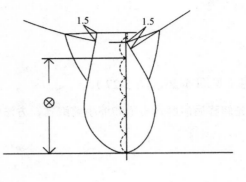

后肩
面×2
前肩
3

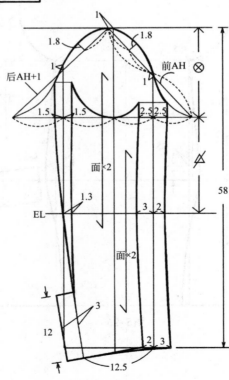

图5-27

八、款式六十一

1. 款式分析

变化款式的荷叶边外套（见图5-28），比较合体，适合春季，夏季穿着，胸围给6cm的松量。无领，在衣身上用分割线做了一个领子的形状，造型别致。

2. 规格

号型	胸围（B）	腰围（W）	衣长（L）	肩宽（S）	袖长（SL）
160/84A	90cm	75cm	56cm	36cm	58cm

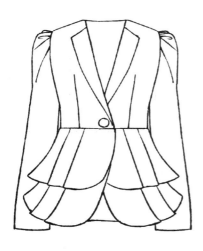

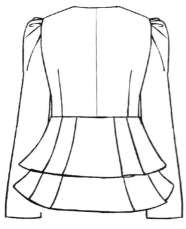

图 5-28

3. 结构制图（见图 5-29，图 5-30）

● 原型先转移后肩胛骨省道，方法同款式五十四。

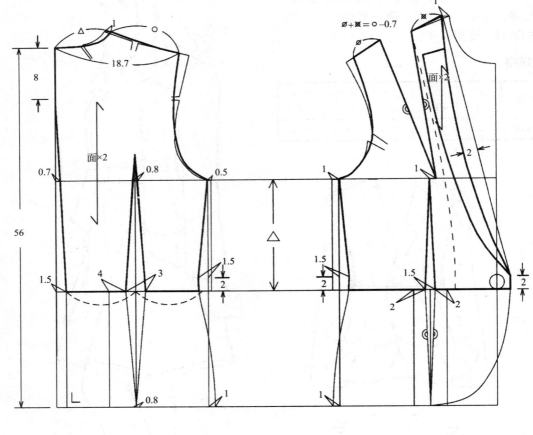

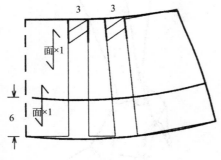

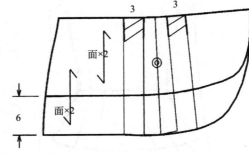

图 5-29

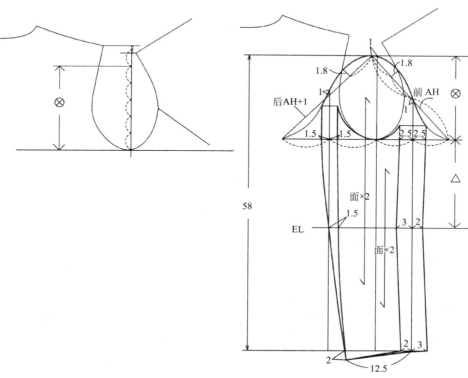

后AH+1　前AH

1.8　1.8
1　1

1.5　1.5　2.5 2.5

58

面×2

1.5

EL

3　2

面×2

2　3

2　12.5

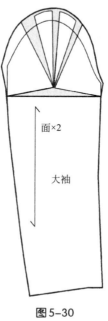

面×2

大袖

图 5-30

① 衣身原型与省 道转移变化

② 半身裙的 结构设计

③ 连衣裙的 结构设计

④ 单衣结构 设计

❺ 外套的 结构设计

⑥ 大衣的 结构设计

⑦ 背心的 结构设计

⑧ 裤子的 结构设计

附录 日本文化式原型

九、款式六十二

1. 款式分析

公主线四开身外套（见图5-31）。外套合体，修身，配合立领，显得简洁干练。肩上的装饰，使整件服装具有军装风格。

2. 规格

号型	胸围（B）	腰围（W）	衣长（L）	肩宽（S）	袖长（SL）
160/84A	90cm	75cm	48cm	38cm	58cm

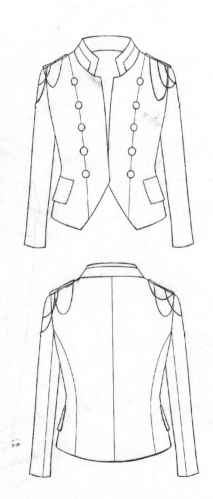

图5-31

3. 结构制图（见图 5-32）

- 原型先转移后肩胛骨省道和胸省，方法同款式五十四。
- 袖子制图方法同款式五十九。

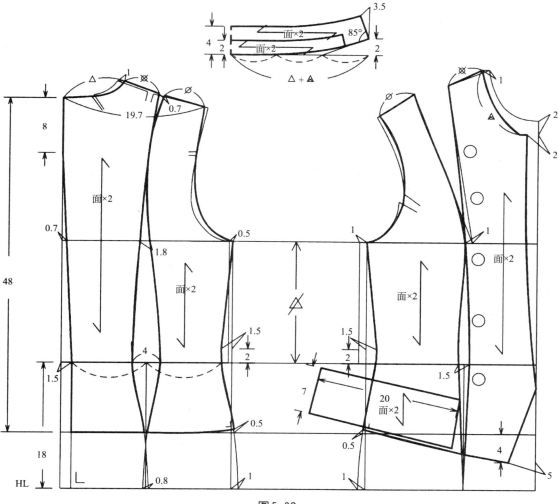

图 5-32

① 衣身原型转移变化与省道
② 半身裙结构设计的
③ 连衣裙结构设计的
④ 单衣结构设计
⑤ 外套结构设计的
⑥ 大衣结构设计的
⑦ 背心结构设计的
⑧ 裤子结构设计的
附录 化式日本文原型

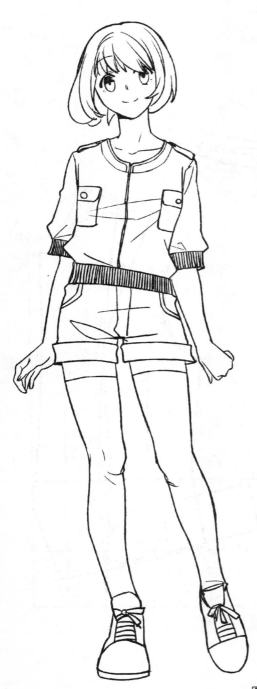

图5-33

十、款式六十三

1. 款式分析

两开身夹克，较为合体的直身夹克（见图5-33），因此胸围松量为9cm，衣长较短。袖子为中袖，一片袖，较为宽松。后背育克线，隐含一部分肩胛骨省道。

2. 规格

号型	胸围（B）	腰围（W）	衣长（L）	肩宽（S）	袖长（SL）
160/84A	93cm	93cm	49cm	38.5cm	45cm

3. 结构制图（见图5-34，图5-35）

● 原型先转移后肩胛骨省道和胸省，方法同款式五十九。

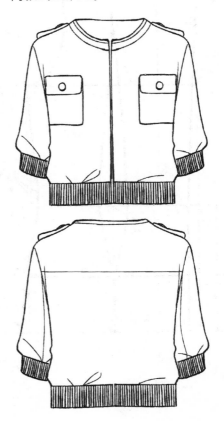

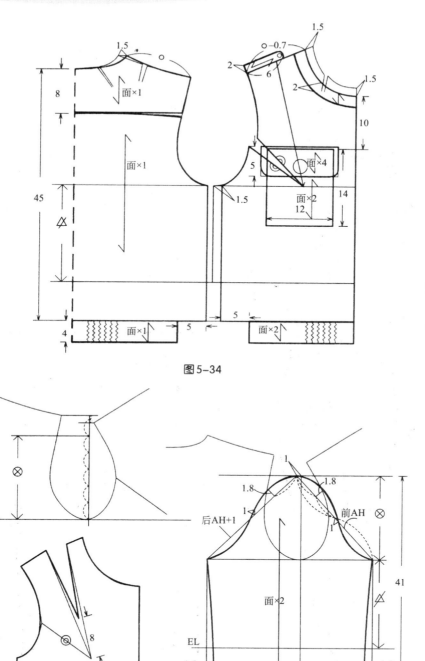

图 5-34

图 5-35

① 衣身原型与省道转移变化

② 半身裙的结构设计

③ 连衣裙的结构设计

④ 单衣的结构设计

⑤ 外套的结构设计

⑥ 大衣的结构设计

⑦ 背心的结构设计

⑧ 裤子的结构设计

附录 化日式本原型文化

十一、款式六十四

1. 款式分析

　　立领合体外套（见图5-36），不是传统的四开身外套，前片的刀背缝分割没有解决胸省，二十而是单独在肩上收一个胸省，作为分割线装饰。后中片额外增加一腰省，使腰部线条更合体。袖山处分割，增加三个褶裥，时尚感十足。

2. 规格

号型	胸围（B）	腰围（W）	衣长（L）	肩宽（S）	袖长（SL）
160/84A	92.6cm	74cm	48cm	37cm	58cm

3. 结构制图（见图5-37）

● 原型先转移后肩胛骨省道，方法同款式五十四。

● 袖子制图方法同款式五十九。

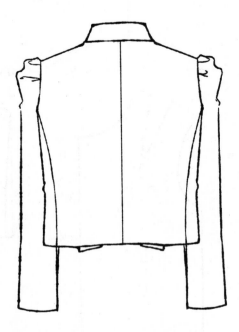

图 5-36

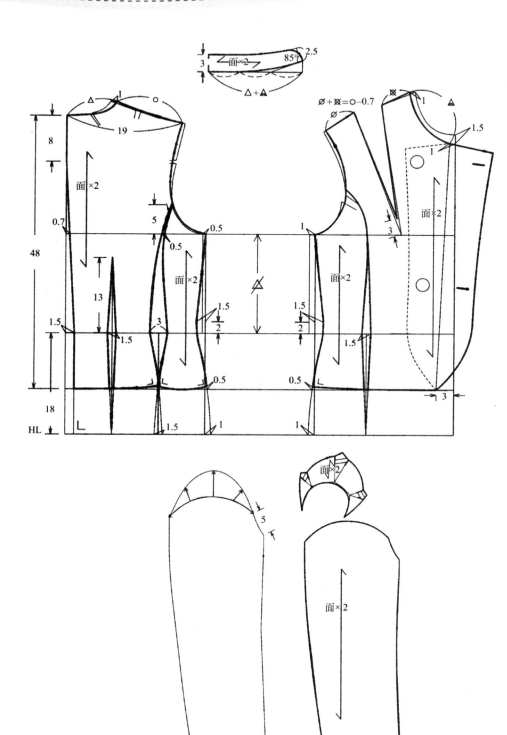

图 5-37

十二、款式六十五

1. 款式分析

公主线立领外套（见图5-38），比较合体，适合春季，夏季穿着，胸围给6cm的松量。领子是单独的立领和一片驳领共同组成，后背有腰带装饰，休闲感很强。

2. 规格

号型	胸围（B）	腰围（W）	衣长（L）	肩宽（S）	袖长（SL）
160/84A	90cm	75cm	52cm	38cm	58cm

3. 结构制图（见图 5-39，图 5-40）

● 原型先转移后肩胛骨省道，方法同款式五十四。

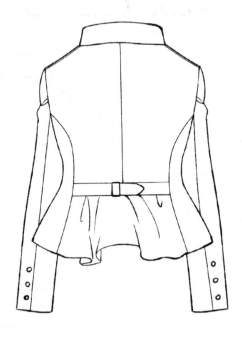

图 5-38

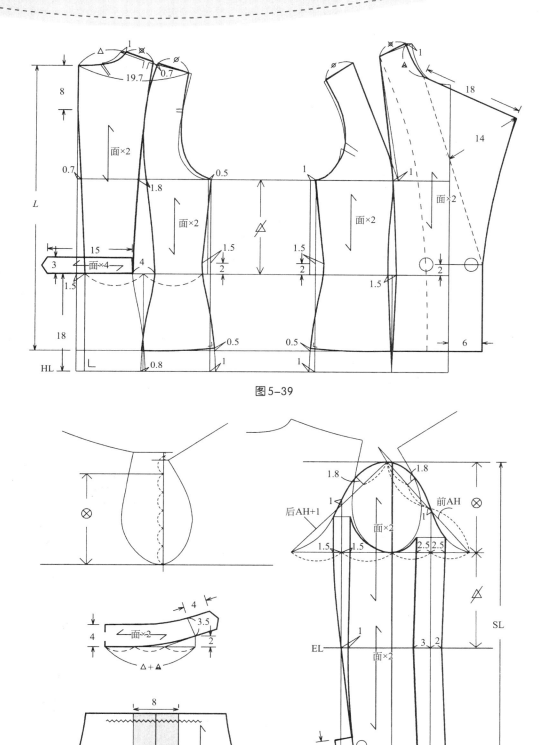

图 5-39

图 5-40

① 衣身原型与省 道转移变化

② 半身裙的 结构设计

③ 连衣裙的 结构设计

④ 单衣结构设计

❺ 外套设计的 结构

⑥ 大衣的 结构设计

⑦ 背心的 结构设计

⑧ 裤子的 结构设计

附录 文化式日本原型

十三、款式六十六

1. 款式分析

青果领三开身西服（见图5-41），比较合体，胸围给8cm的松量。青果领的款式配上较短的衣身，泡泡袖，显得时尚休闲。

2. 规格

号型	胸围（B）	臀围（H）	腰围（W）	衣长（L）	肩宽（S）	袖长（SL）
160/84A	92cm	96.5cm	76cm	56cm	36cm	58cm

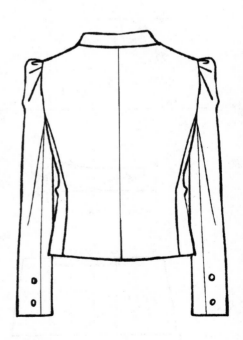

图5-41

3. 结构制图（见图 5-42，图 5-43）

- 原型先转移后肩胛骨省道，方法同款式五十九。
- 袖子制图方法同款式五十九。

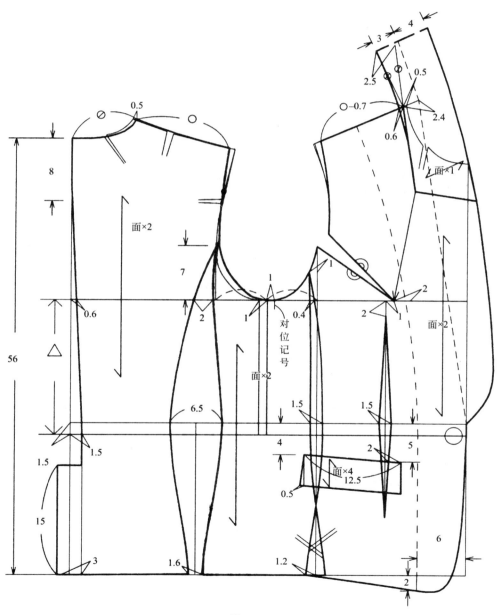

图 5-42

①
衣身原型与省道转移变化

②
半身裙的结构设计

③
连衣裙的结构设计

④
单衣的结构设计

❺
外套的结构设计

⑥
大衣的结构设计

⑦
背心的结构设计

⑧
裤子的结构设计

附录
化式原型日本文

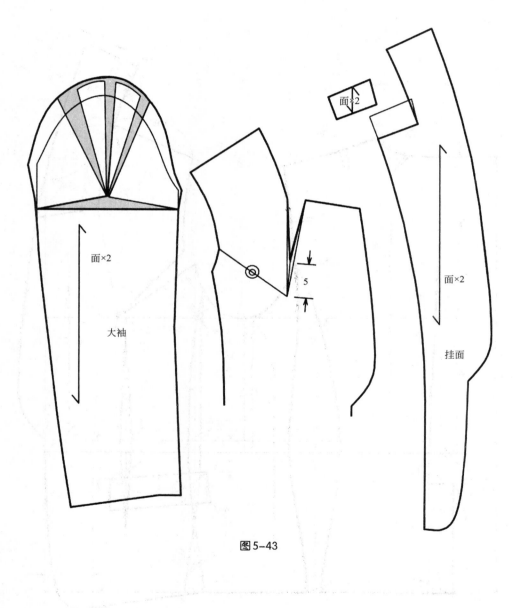

面×2

大袖

面×2

5

面×2

挂面

图5-43

①
衣转身移原变型化与省

②
半结身构裙设的计

③
连结衣构裙设的计

④
单结衣构设计

⑤
外构套设的计结

⑥
大构衣设的计结

⑦
背构心设的计结

⑧
裤构子设的计结

附录
化式日原本型文

十四、款式六十七

1. 款式分析

牛仔夹克是一款休闲户外服，穿着范围广。衣身通常为短款，一般比较宽松，胸围给12cm的松量，收腰，有纵横向的分割和明线装饰，领子用连体企领，袖子选用一片袖，前胸有明贴袋。（见图5-44）。

2. 规格

号型	胸围（B）	腰围（W）	衣长（L）	袖长（SL）
160/84A	96cm	84cm	50cm	56cm

3. 结构制图（见图5-45 ~ 图5-47）

- 为了方便活动，转1/3胸省到袖窿弧上，增大袖肥，袖窿开深1cm，剩下2/3胸省转到口袋下面遮住，符合款式。
- 在胸宽，背宽处横向分割。整个款式有收腰，分别在前后分缝和侧缝处收2cm腰省。
- 在开宽开深的领口基础上，进行连体企领的绘制。
- 在衣身的袖窿上绘制一片袖。

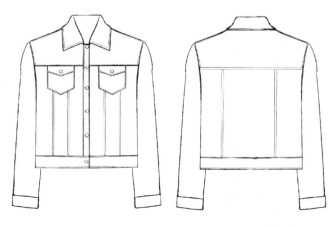

图5-44

163

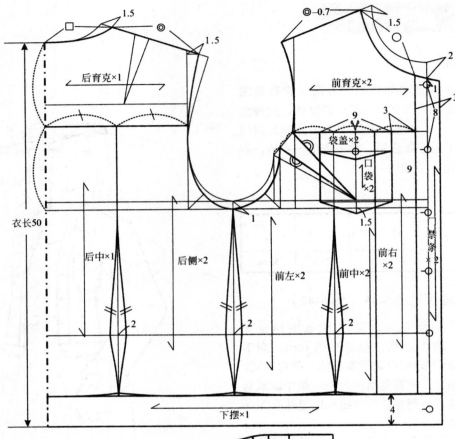

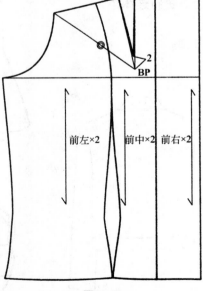

后育克×1

前育克×2

袋盖×2

口袋×2

禁条×2

衣长50

后中×1

后侧×2

前左×2

前中×2

前右×2

下摆×1

前左×2　前中×2　前右×2

BP

图5-45

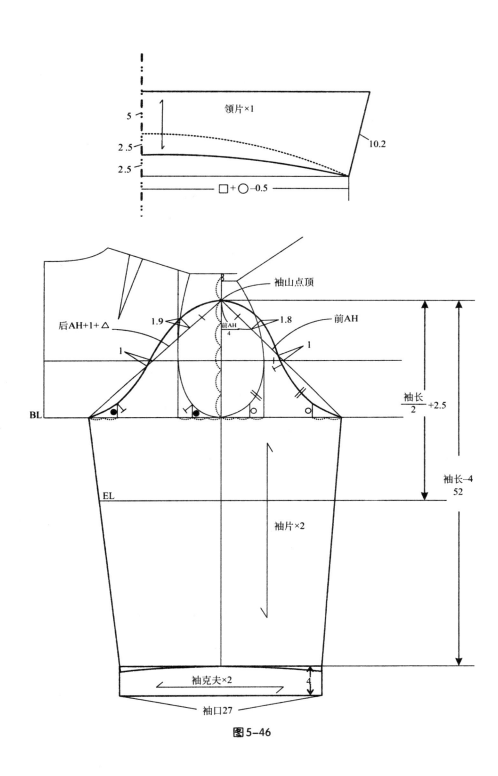

图5-46

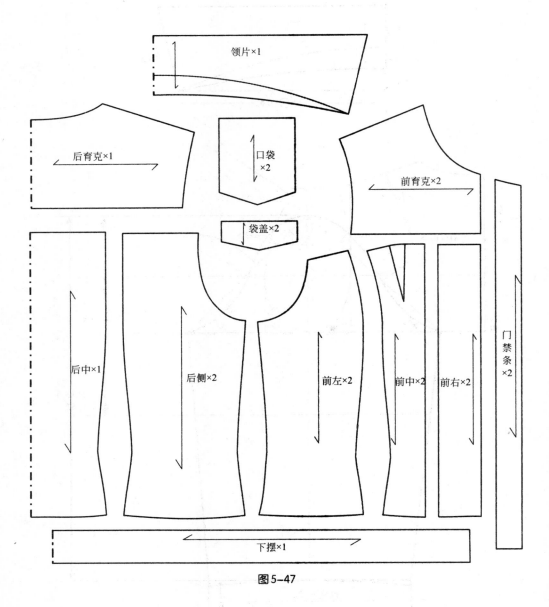

图5-47

领片×1

口袋 ×2

后育克×1

前育克×2

袋盖×2

后中×1

后侧×2

前左×2

前中×2

前右×2

门禁条 ×2

下摆×1

十五、款式六十八

1. 款式分析

夹克是常见的外穿服装，通常在领口，下摆，袖口处有罗纹收口。衣身宽松，无省，呈H款型，胸围松量通常在10~12cm（见图5-48）。

2. 规格

号型	胸围（B）	腰围（W）	衣长（L）	袖长（SL）
160/84A	96cm	84cm	50cm	56cm

3. 结构制图（见图5-49 ~ 图5-51）

- 此款夹克左右对称，半身制图，前片胸省转移一部分作为撇胸量，其余省量转移到侧缝，一半用来下放，一半在袖窿修顺，即得修正衣身。
- 根据款式规格延长衣身，腰围线处略收腰，添加口袋，领口，下摆等部件。
- 绘制袖片结构，一片直筒袖，含袖克夫。
- 分解样片，得到最后的样板。

图5-48

① 衣身原型与道转移变化省

② 半身裙结构设计的

③ 连衣裙结构设计的

④ 单衣结构设计

❺ 外套结构设计的

⑥ 大衣结构设计的

⑦ 背心结构设计的

⑧ 裤子结构设计的

附录 日本文化式原型

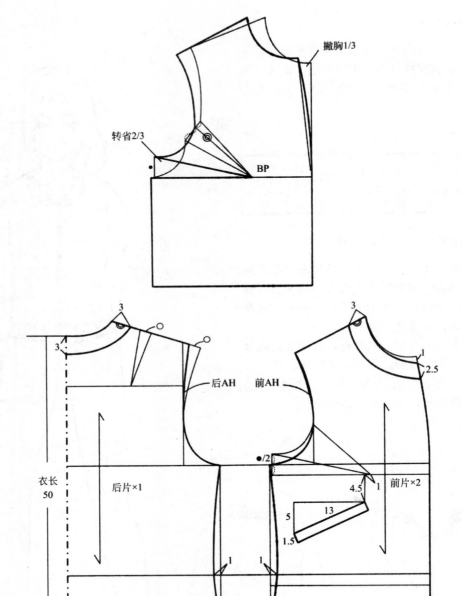

撇胸1/3

转省2/3

BP

3

3

3

后AH 前AH

1

2.5

●/2

衣长 50

后片×1 前片×2

4.5 1

5 13

1.5

1 1

●/2

4

H/4−3.5

←4→

H/4−3.5

图5−49

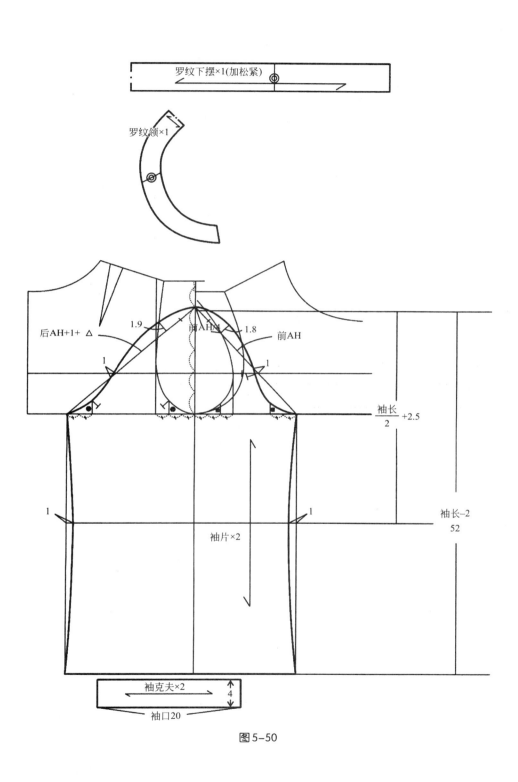

罗纹下摆×1(加松紧)

罗纹领×1

后AH+1+ △

1.9

前AH

1.8

前AH

1

1

$\dfrac{袖长}{2}$ +2.5

1

1

袖长−2
52

袖片×2

袖克夫×2

4

袖口20

图5-50

①
衣身原型与省道转移变化

②
半身裙的结构设计

③
连衣裙的结构设计

④
单衣结构设计

❺
外套的结构设计

⑥
大衣的结构设计

⑦
背心的结构设计

⑧
裤子的结构设计

附录
化式原型日本文

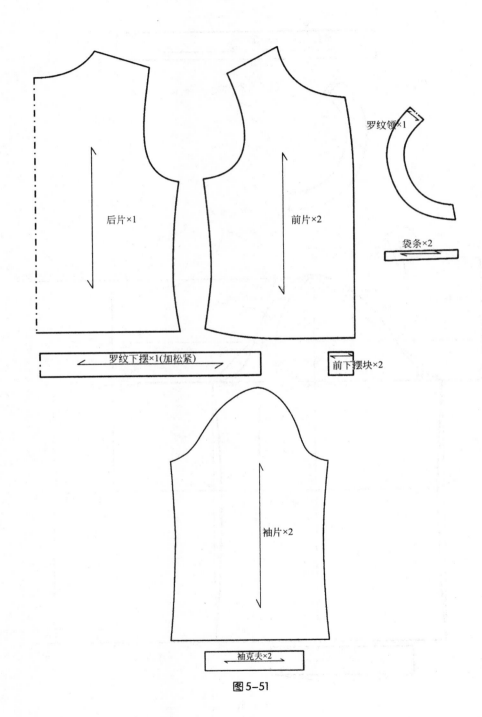

罗纹领×1

后片×1

前片×2

袋条×2

罗纹下摆×1(加松紧)

前下摆块×2

袖片×2

袖克夫×2

图5-51

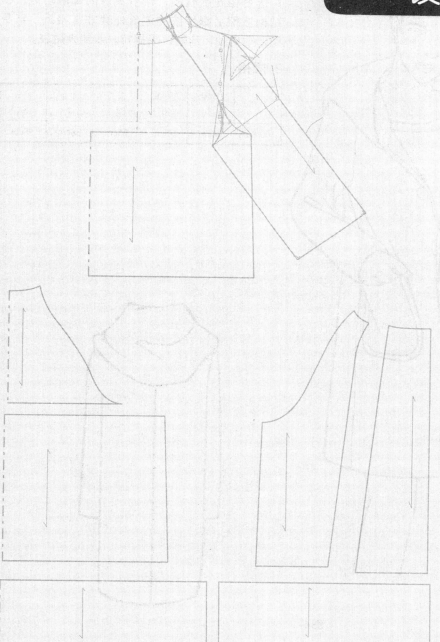

一、款式六十九

1. 款式分析

此款大衣为秋冬季常见款式（见图6-1），常选用粗花呢材质，具有良好的御寒功能，在结构造型上跟传统的波鲁外套非常接近，直身型，插肩袖，连帽，单排扣，双侧大贴袋。

2. 规格

号型	胸围（B）	腰围（W）	衣长（L）	背长（S）	袖长（SL）
160/84A	96cm	96cm	75cm	38cm	58cm

图6-1

3. 结构制图（见图6-2 ~ 图6-4）

- 原型变化同款式五十五。

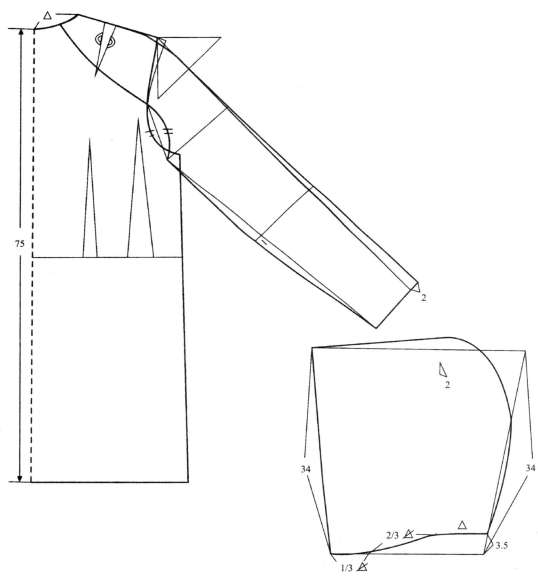

图6-2

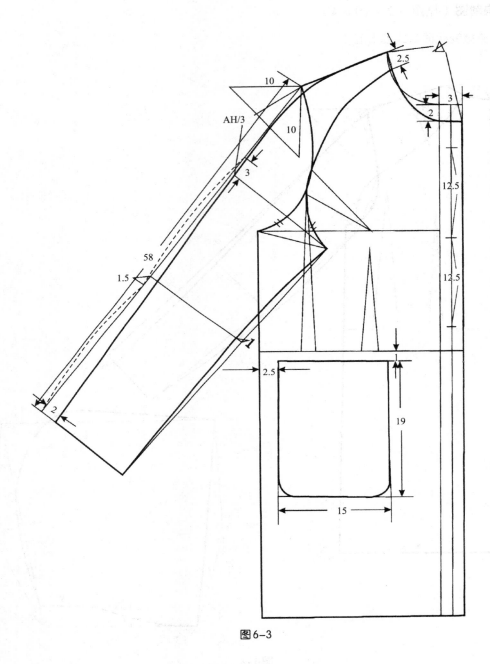

图6-3

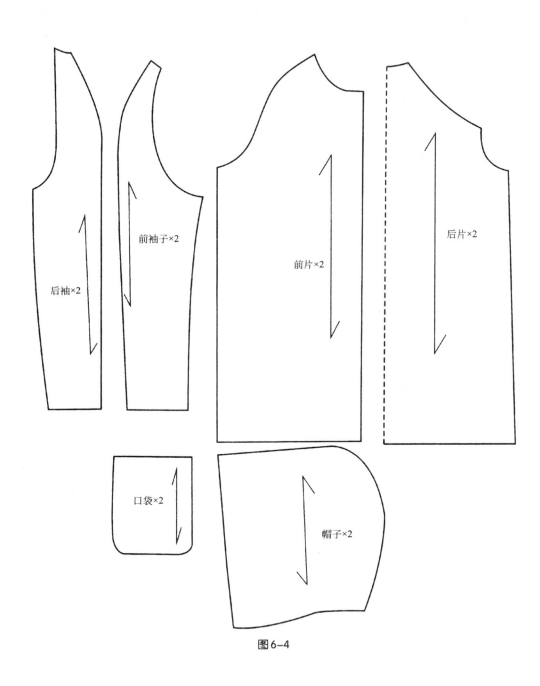

后袖×2

前袖子×2

前片×2

后片×2

口袋×2

帽子×2

图6-4

二、款式七十

1. 款式分析

　　该款大衣呈宽松的H廓形（见图6-5），具有香奈儿套装的款式风格，在领口、门襟和底摆处有边缘装饰工艺，袖型为插肩袖的变体，袖长为七分袖，双侧大袋为贴袋，下摆造型为圆角（见图6-5）。

2. 规格

号型	胸围（B）	腰围（W）	衣长（L）	背长（S）	袖长（SL）
160/84A	108cm	108cm	72cm	38cm	40cm

3. 结构制图（见图 6-6 ~ 图 6-8）

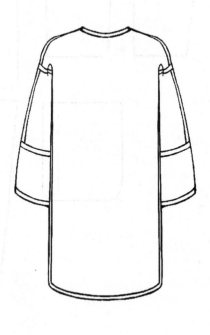

图6-5

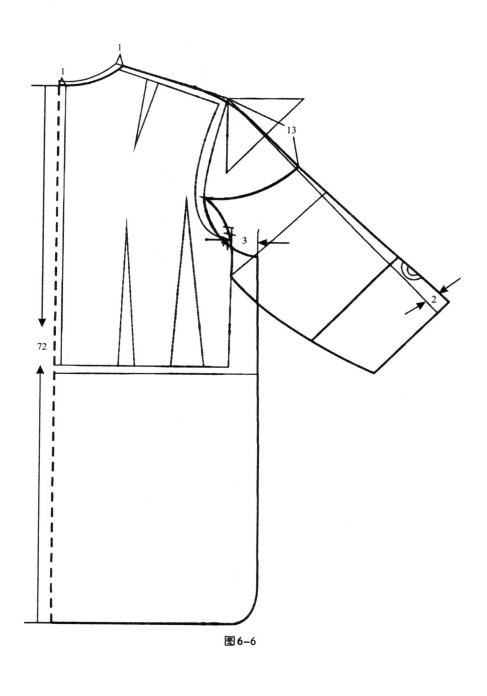

图6-6

① 衣身原型与省道转移变化

② 半身裙的结构设计

③ 连衣裙的结构设计

④ 单衣结构设计

⑤ 外套的结构设计

⑥ 大衣的结构设计

⑦ 背心的结构设计

⑧ 裤子的结构设计

附录 日本文化式原型

72

1

1

13

3

2

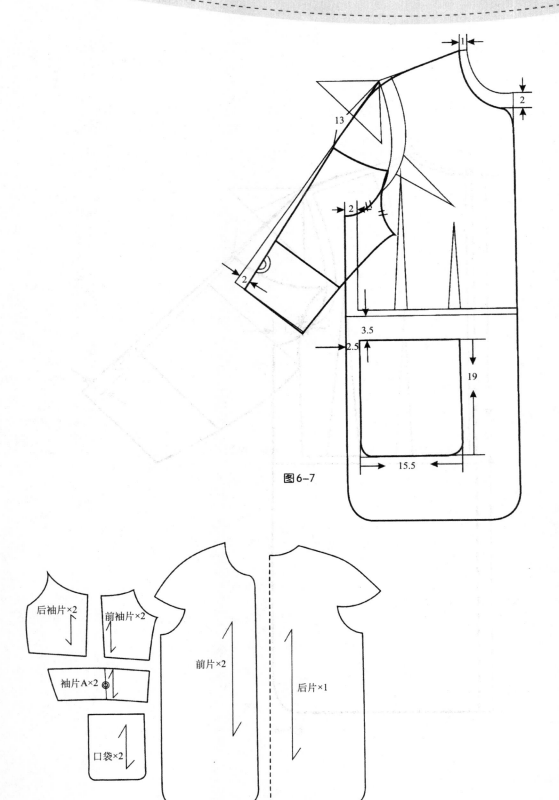

图6-7

后袖片×2　前袖片×2

袖片A×2

口袋×2

前片×2

后片×1

图6-8

1. 款式分析

该款大衣，肩部略窄，下摆略收，腰部外扩，呈茧形或者O形。领子为带缺嘴的青果领，驳点低至腰围以下，袖子为插肩袖的变体，袖片无中缝。后背有横向育克。腰侧有对称的两个挖袋（见图6-9）。

2. 规格

号型	胸围（B）	腰围（W）	衣长（L）	肩宽（S）	袖长（SL）
160/84A	108cm	108cm	67cm	61cm	34.5cm

3. 结构制图（见图6-10，图6-11）

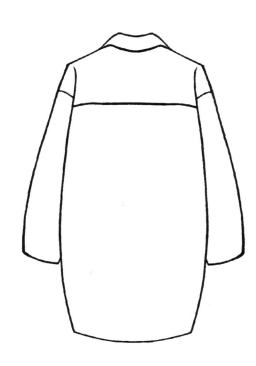

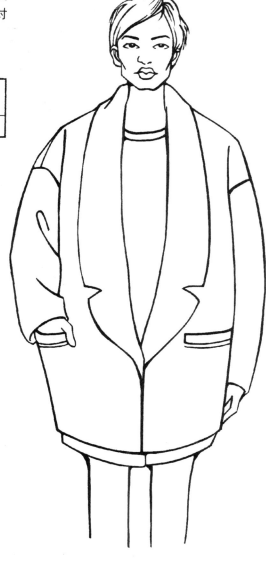

图6-9

① 衣身原型变化与省 转移
② 半身裙结构设计
③ 连衣裙结构设计
④ 单衣结构设计
⑤ 外套结构设计
⑥ 大衣结构设计
⑦ 背心结构设计
⑧ 裤子结构设计
附录 化式日本原型文

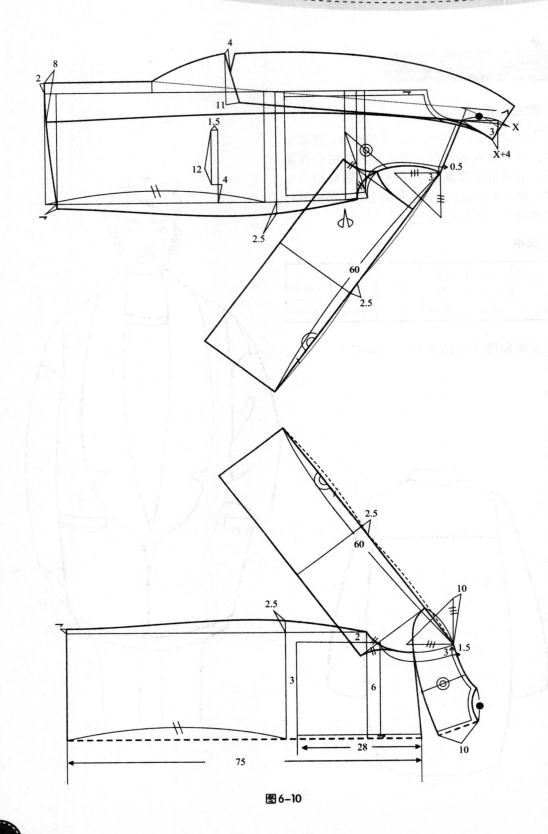

图6-10

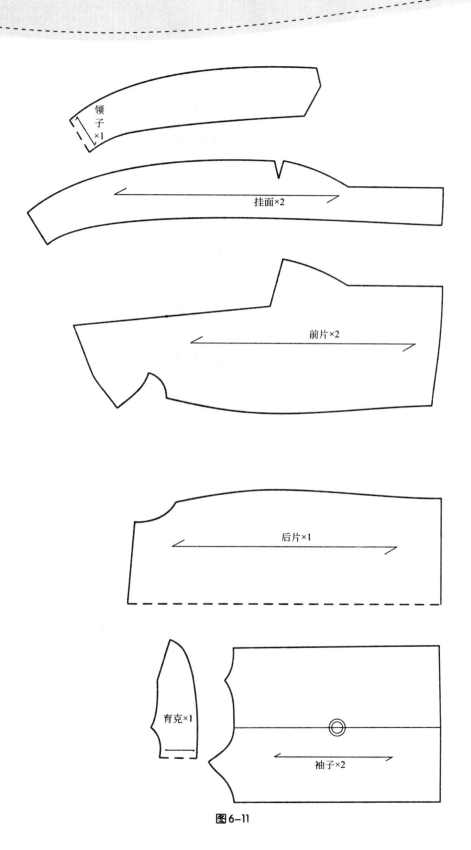

领子
×1

挂面×2

前片×2

后片×1

育克×1

袖子×2

图6-11

四、款式七十二

1. 款式分析

该款大衣A字廓形，左右对称，无领。后片肩省转到领口中部，胸省部分转为领口省，部分留在袖笼弧线处修顺，前身有横向分割，双侧有口袋，袖子为普通两片袖（见图6-12）。

2. 规格

号型	胸围（B）	腰围（W）	衣长（L）	肩宽（S）	袖长（SL）
160/84A	96cm	102cm	71cm	38cm	56

3. 结构制图（见图6-13，图6-14）

图6-12

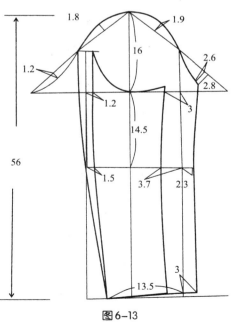

图6-13

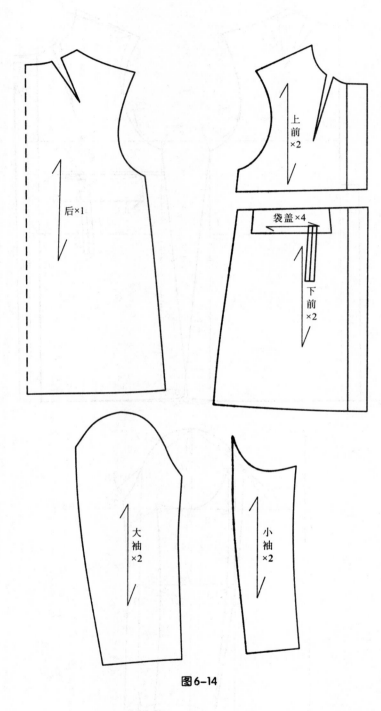

后×1

上前
×2

袋盖×4

下前
×2

大袖
×2

小袖
×2

图6-14

1. 款式分析

女大衣款式多变，设计灵活，该款大衣适用于秋冬季节，整体造型为A廓形，衣摆宽大有抽褶，插肩袖袖口肥硕呈喇叭状，领子为原身出领（见图6-15）。

2. 规格

号型	胸围（B）	衣长（L）	袖长（SL）
160/84A	100cm	70cm	54cm

图6-15

3. 结构制图（见图 6-16 ~ 图 6-18）

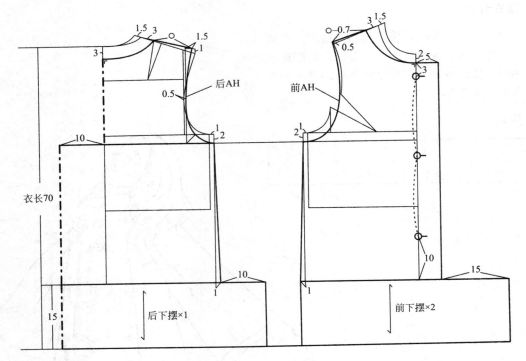

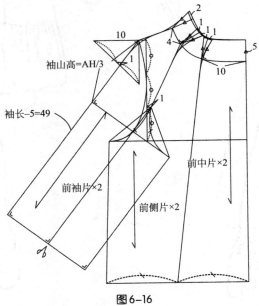

图6-16

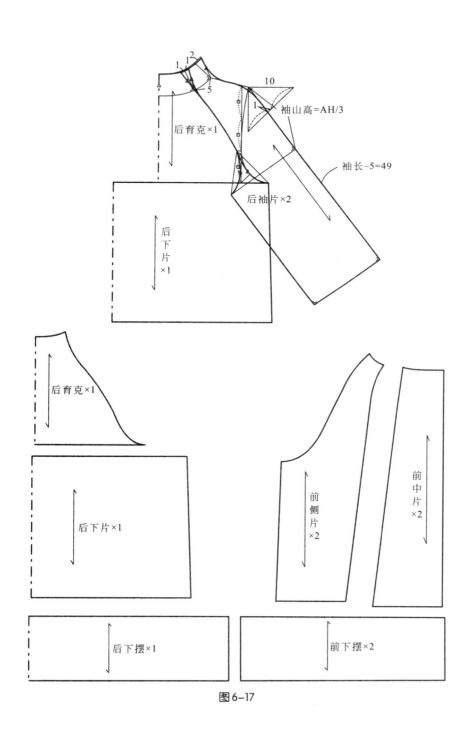

袖山高=AH/3

袖长-5=49

后育克×1

后袖片×2

后下片×1

后育克×1

后下片×1

前侧片×2

前中片×2

后下摆×1

前下摆×2

图6-17

① 衣身原型与省道转移变化

② 半身裙的结构设计

③ 连衣裙的结构设计

④ 单衣结构设计

⑤ 外套的结构设计

⑥ 大衣的结构设计

⑦ 薄心的结构设计

⑧ 裤子的结构设计

附录 北式日本文原型

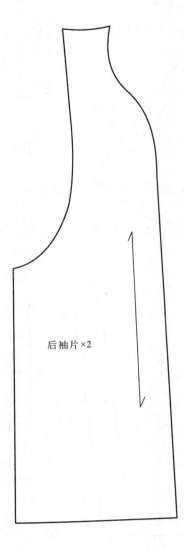

后袖片×2

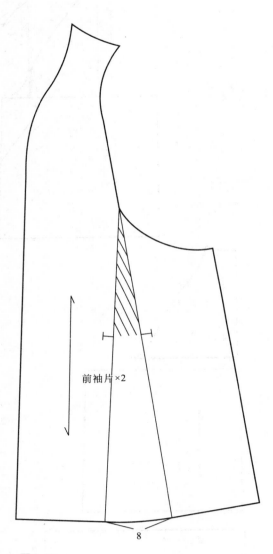

前袖片×2

8

图6-18

1. 款式分析

此款为三开身双排扣大衣（见图6-19），款式比较经典，为冬季大衣的基础款式。根据时尚流行的变化，领子的大小有所区别。此款大衣较为合体，胸围给11cm的松量，有薄垫肩。

2. 规格

号型	胸围 （B）	腰围 （W）	臀围 （H）	衣长 （L）	肩宽 （S）	袖长 （SL）
160/84A	95cm	79cm	96cm	64cm	39cm	58cm

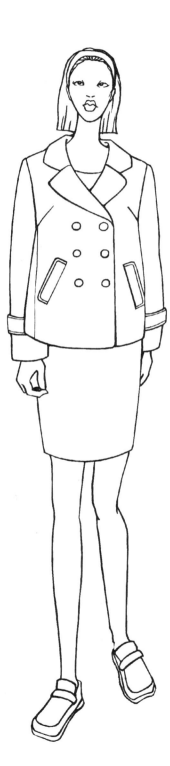

图6-19

① 衣身原型与省道转移变化
② 半身裙的结构设计
③ 连衣裙的结构设计
④ 单衣结构设计
⑤ 外套的结构设计
⑥ 大衣的结构设计
⑦ 背心的结构设计
⑧ 裤子的结构设计
附录 化式日本原型文

3. 结构制图（见图 6-20，图 6-21）

● 原型先转移后肩胛骨省道，方法同款式五十九。

① 衣身原型与省道转移变化

② 半身裙的结构设计

③ 连衣裙的结构设计

④ 单衣结构设计

⑤ 外套的结构设计

⑥ 大衣的结构设计

⑦ 背心的结构设计

⑧ 裤子的结构设计

附录 日本文化式原型

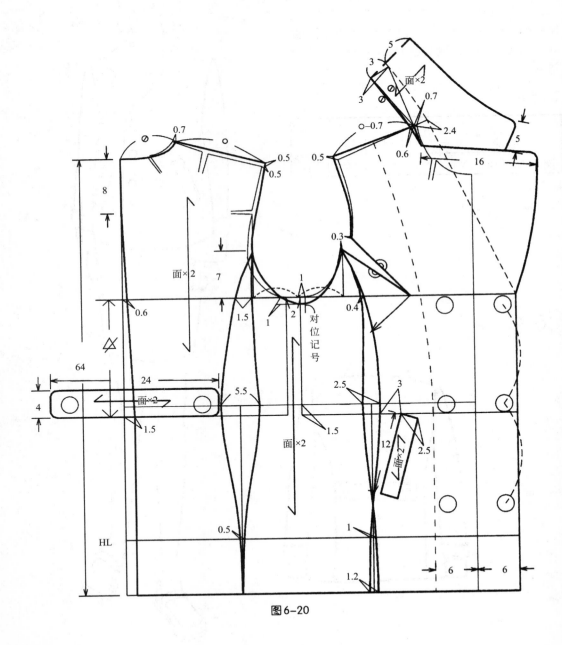

图6-20

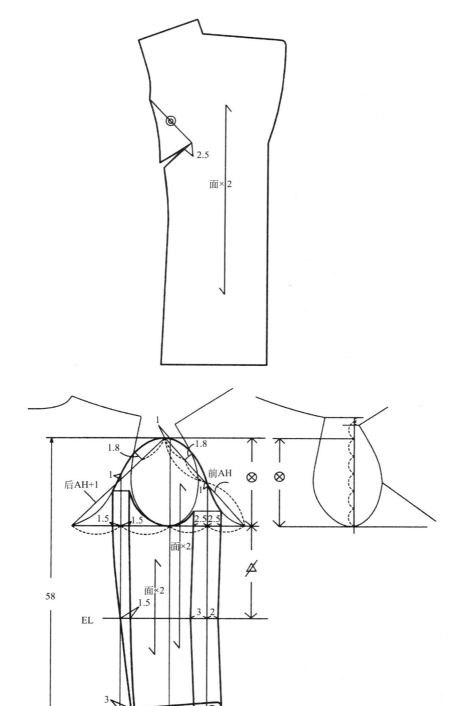

图 6-21

① 衣身原型与省道转移变化

② 半身裙的结构设计

③ 连衣裙的结构设计

④ 单衣结构设计

⑤ 外套的结构设计

⑥ 大衣的结构设计

⑦ 背心的结构设计

⑧ 裤子的结构设计

附录 化式日本原型

七、款式七十五

1. 款式分析

此款披肩短大衣身较为合体（见图6-22），下摆宽松，呈A字款型轮廓。袖子是变化的小披肩，拼接于衣身领口分割线上，自然衔接，时尚大方。

2. 规格

号型	胸围（B）	衣长（L）	肩宽（S）	袖长（SL）
160/84A	96cm	54cm	39cm	35cm

3. 结构制图（见图6-23，图6-24）

● 原型转移方法同款式五十九。

图6-22

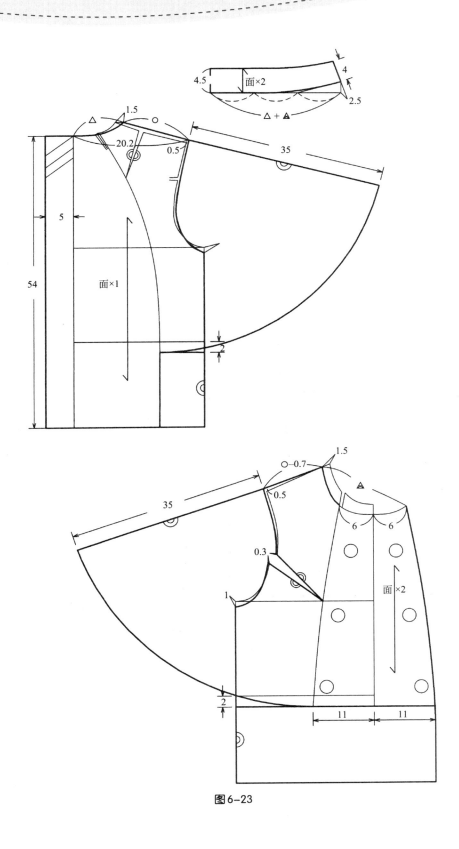

图6-23

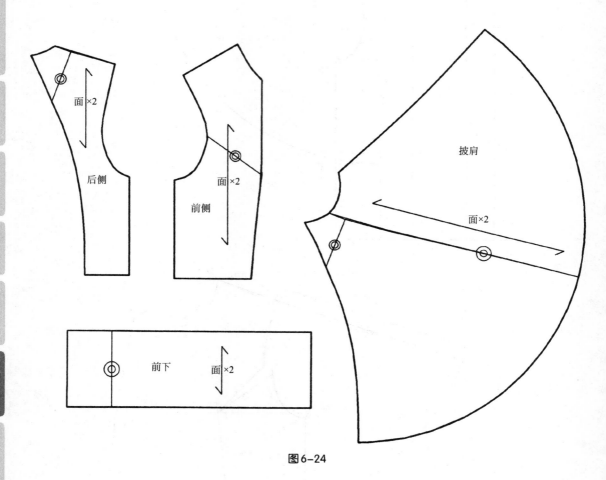

后侧

面×2

前侧

面×2

披肩

面×2

前下

面×2

图6-24

八、款式七十六

1. 款式分析

长款披肩大衣（见图6-25）。在披肩的侧缝留出一个袖口，方便伸手出来，形成变化的大衣款式。配合双排扣设计，整体风格显得帅气，不失时尚感。

2. 规格

号型	衣长（L）	肩宽（S）	领高（BH）
160/84A	58cm	39cm	4.5cm

3. 结构制图（见图6-26）

● 原型转移方法同款式五十九。

图6-25

① 衣身原型与省 道转移变化

② 半身裙的设计结构

③ 连衣裙的设计结构

④ 单衣结构设计

⑤ 外套的结构设计

⑥ 大衣的结构设计

⑦ 背心的结构设计

⑧ 裤子的结构设计

附录 化式原型 日本文

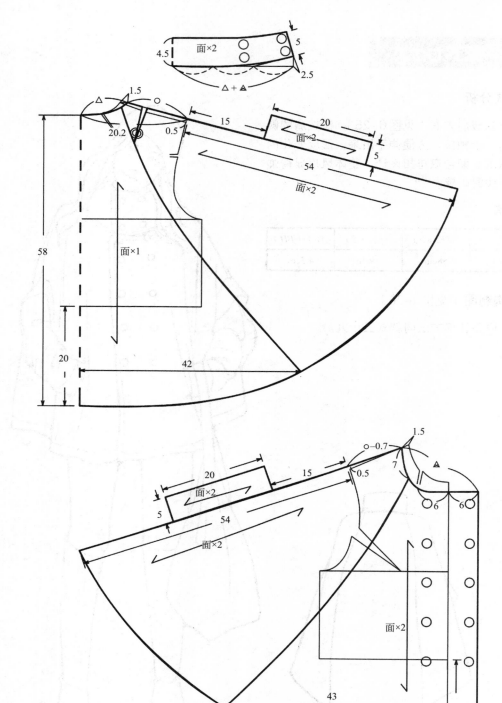

图6-26

九、款式七十七

1. 款式分析

此款翻领双排扣大衣（见图6-27），腰上破刀，下部分有褶裥的放摆，款式比较休闲。双排扣的翻领，可以不扣最上面一颗，形成翻驳领。此款大衣较为合体，适合初冬穿着，胸围给10cm的松量，没有垫肩。

2. 规格

号型	胸围 （B）	腰围 （W）	衣长 （L）	肩宽 （S）	袖长 （SL）
160/84A	94cm	76cm	78cm	39cm	58cm

3. 结构制图（见图6-28，图6-29）

● 原型转移方法同款式五十九。

图6-27

① 衣身原型变化与省 道转移
② 半身裙的结构设计
③ 连衣裙的结构设计
④ 单衣的结构设计
⑤ 外套的结构设计
⑥ 大衣的结构设计
⑦ 背心的结构设计
⑧ 裤子的结构设计
附录 化日式本原文型

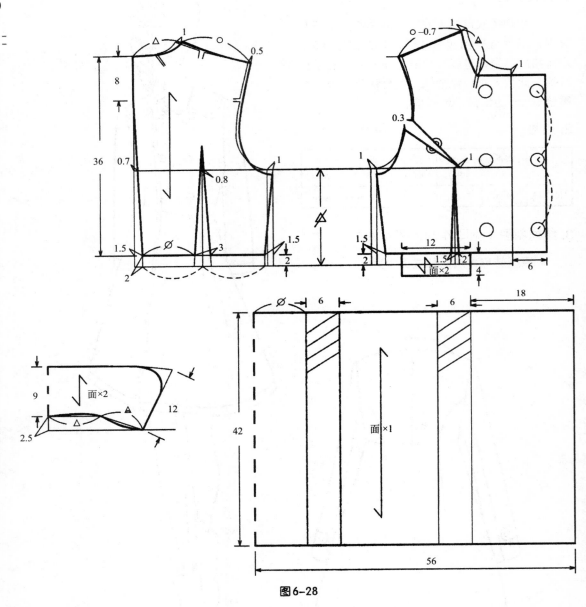

图6-28

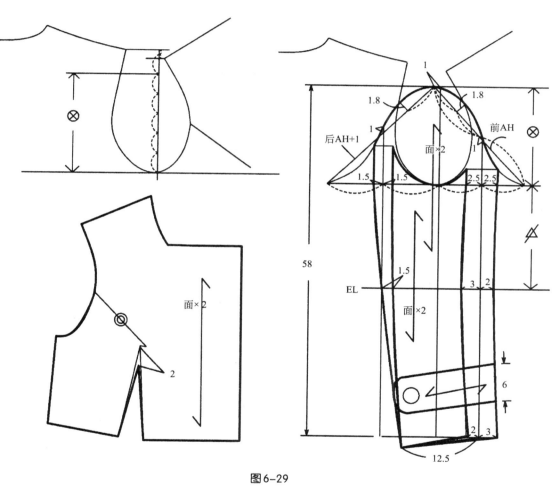

图6-29

① 衣身原型与省道转移变化

② 半身裙的结构设计

③ 连衣裙的结构设计

④ 单衣结构设计

⑤ 外套的结构设计

⑥ 大衣的结构设计

⑦ 背心的结构设计

⑧ 裤子的结构设计

附录 文化式原型日本

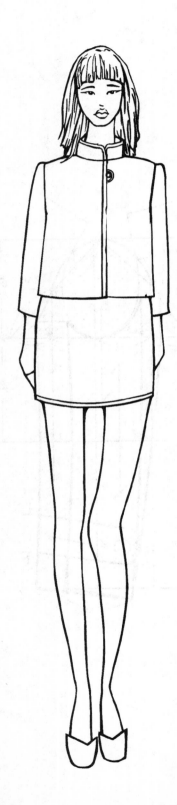

十、款式七十八

1. 款式分析

立领一片袖大衣（见图6-30），外形轮廓呈现小喇叭形，下摆宽大。袖子为较为宽松的一片袖，袖口较宽，为九分袖。此款大衣较为宽松，胸围给2～3cm的松量，有薄垫肩。

2. 规格

号型	胸围（B）	衣长（L）	肩宽（S）	袖长（SL）
160/84A	107cm	50cm	39cm	48cm

3. 结构制图（见图6-31，图6-32）

● 原型转移方法同款式五十九。

图6-30

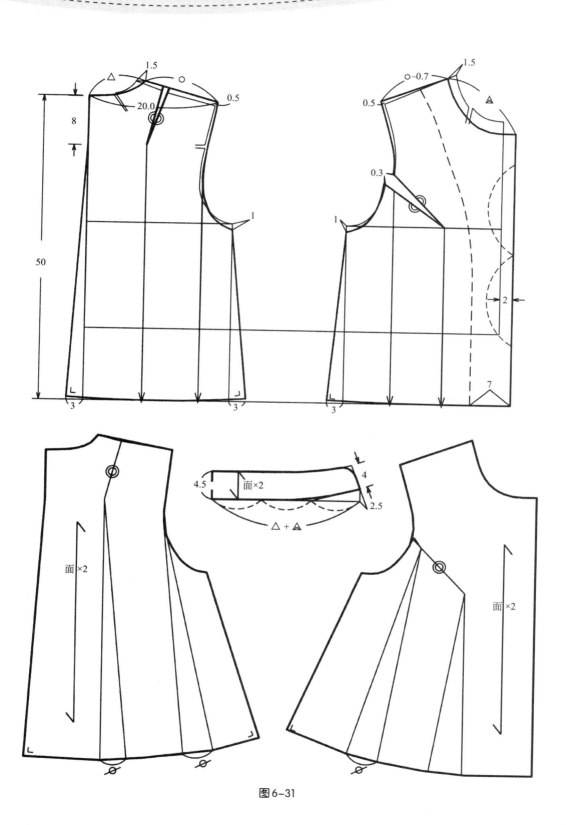

图6-31

① 衣身原型与省道转移变化

② 半身裙的结构设计

③ 连衣裙的结构设计

④ 单衣结构设计

⑤ 外套结构设计

⑥ 大衣结构设计

⑦ 背心结构设计

⑧ 裤子的结构设计

附录 化式日本文原型

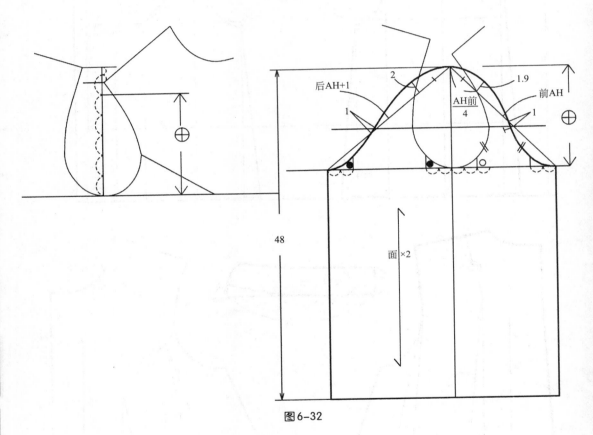

图6-32

十一、款式七十九

1. 款式分析

此款休闲风雨衣（见图6-33）。此款为落肩袖，宽松式，H款型衣身，连有帽子。袖口处有较宽的罗纹克夫。前叠门较宽，前中绱拉链。腰处抽绳，可系可放，穿着随意和方便。

2. 规格

号型	胸围（B）	衣长（L）	肩宽（S）	袖长（SL）
160/84A	102cm	85cm	39cm	57cm

3. 结构制图（见图6-34 ~ 图6-36）

- 原型转移方法同款式五十九。

图6-33

① 道转移变化衣身原型与省

② 结构设计半身裙的计

③ 结构设计连衣裙设计的

④ 单衣结构设计

⑤ 外套的结构设计

⑥ 大衣结构设计

⑦ 背心设计的结构

⑧ 裤子设计的结构

附 化式原型日本文录

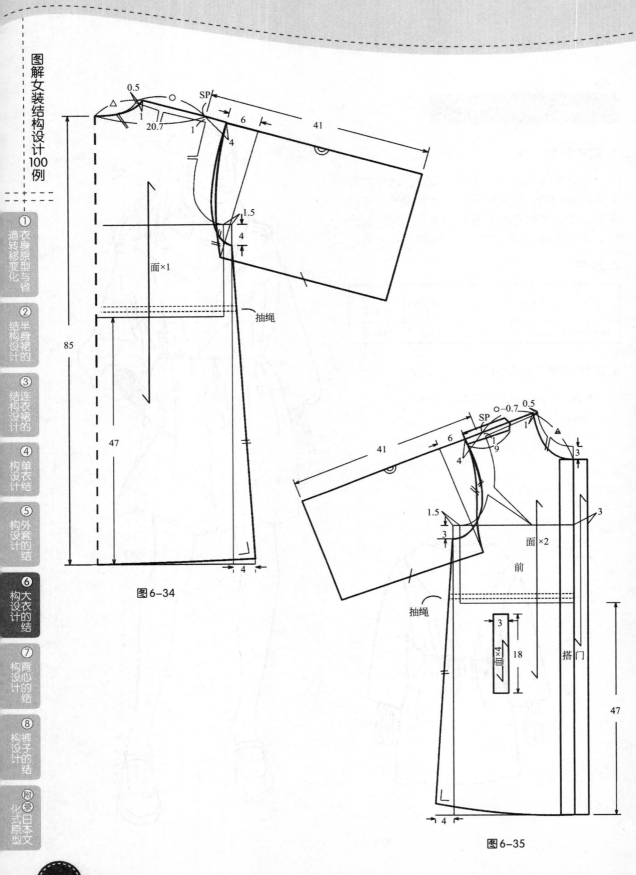

0.5

SP

20.7

1

1

6

41

4

1.5

4

面×1

抽绳

85

47

4

图6-34

SP

○-0.7

0.5

41

6

1

1

9

3

4

1.5

3

面×2

前

抽绳

3

3

面×4

18

搭门

47

4

图6-35

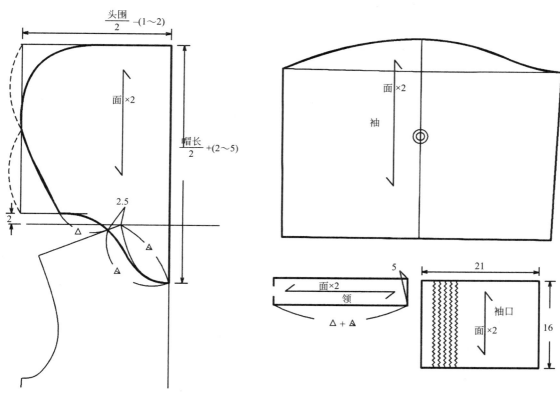

$$\frac{头围}{2}-(1\sim2)$$

面×2

$$\frac{帽长}{2}+(2\sim5)$$

2.5

2

△

△

△

面×2

袖

5

面×2

领

△ + △

21

袖口

面×2

16

图6-36

① 衣身原型与省 道转移变化

② 半身裙的设计 结构设计

③ 连衣裙的设计 结构设计

④ 单衣结构设计

⑤ 外套的结构设计

⑥ 大衣的结构设计

⑦ 背心的结构设计

⑧ 裤子的结构设计

附录 日本文化式原型

十二、款式八十

1. 款式分析

四开身合体大衣（见图6-37）。整个衣身较为合体，胸围松量较小为12cm，腰围松量也很小，勾勒出女性曲线。大衣前门襟展开，敞开穿着，形成荷叶边，尽显浪漫风情。

2. 规格

号型	胸围（B）	衣长（L）	腰围（W）	肩宽（S）	袖长（SL）
160/84A	96cm	90cm	75cm	39cm	58cm

图6-37

3. 结构制图（见图6-38，图6-39）

● 原型先转移后肩胛骨省道，方法同款式五十四。

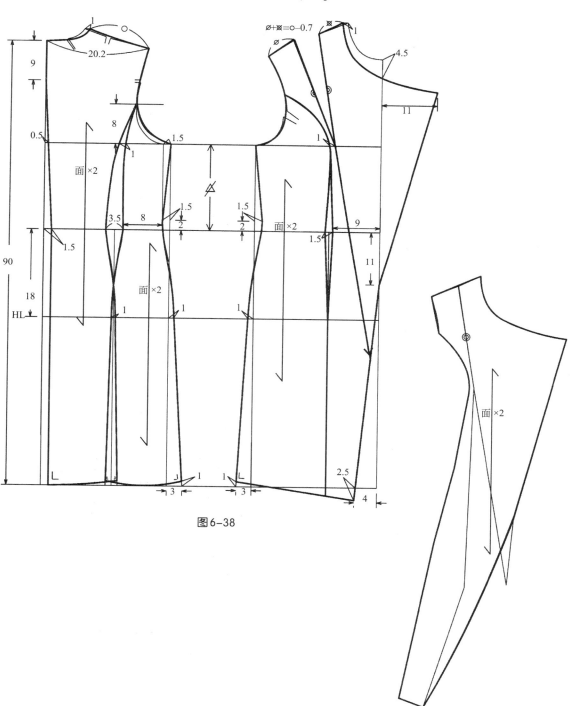

图6-38

图6-39

① 道转移变化 衣身原型与省

② 结构设计 半身裙的

③ 连衣裙结构设计的

④ 单衣构结设计

⑤ 外套构结设计的

⑥ 大衣构结设计的

⑦ 背心结构设计的

⑧ 裤子构结设计的

附录 化式日本文型原型

十三、款式八十一

1. 款式分析

　　该款大衣基本保留了风衣的款式特点，宽松款式，中长款，双排扣，翻驳领，插肩袖，有肩袢，右胸有胸挡，后中有褶裥（见图6-40）。

2. 规格

号型	胸围（B）	腰围（W）	衣长（L）	背长（S）	袖长（SL）
160/84A	108cm	108cm	81cm	39cm	58cm

图6-40

3. 结构制图（见图 6-41 ~ 图 6-43）

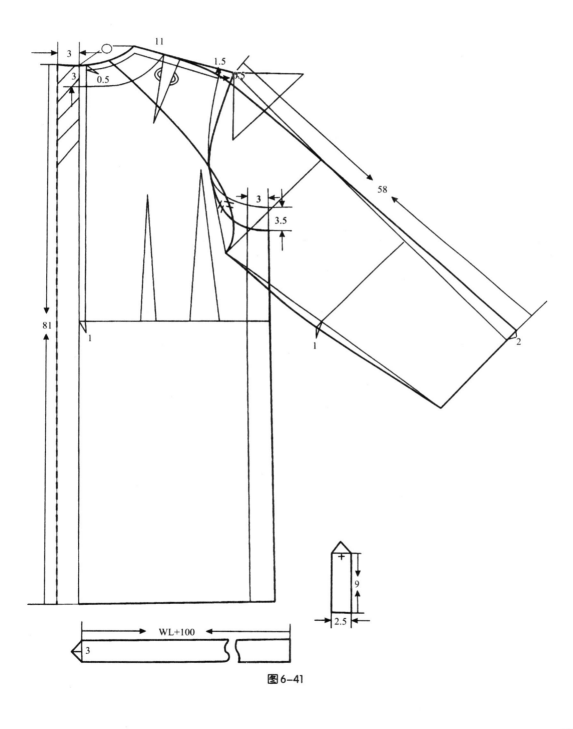

图6-41

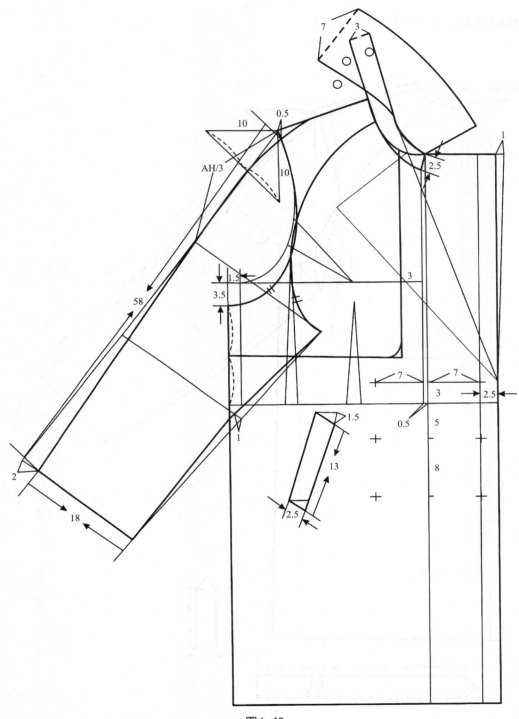

图6-42

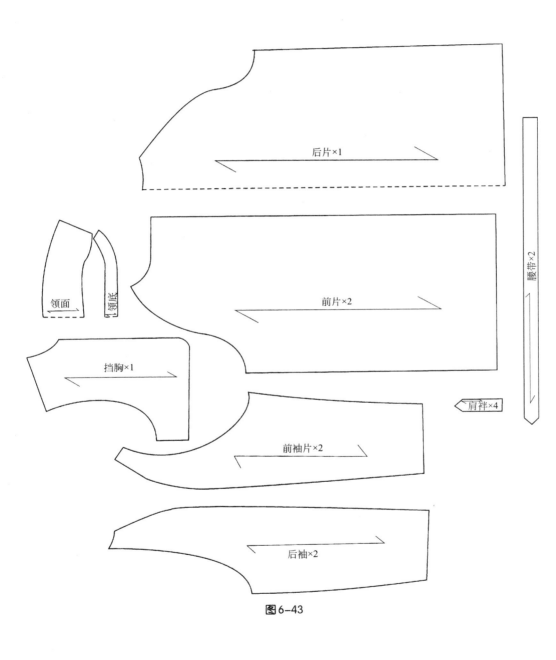

图6-43

后片×1

腰带×2

领面

领底

前片×2

挡胸×1

肩祥×4

前袖片×2

后袖×2

① 衣身原型与省道转移变化

② 半身裙的结构设计

③ 连衣裙的结构设计

④ 单衣结构设计

⑤ 外套的结构设计

⑥ 大衣的结构设计

⑦ 背心的结构设计

⑧ 裤子的结构设计

附录 化式原型日本文

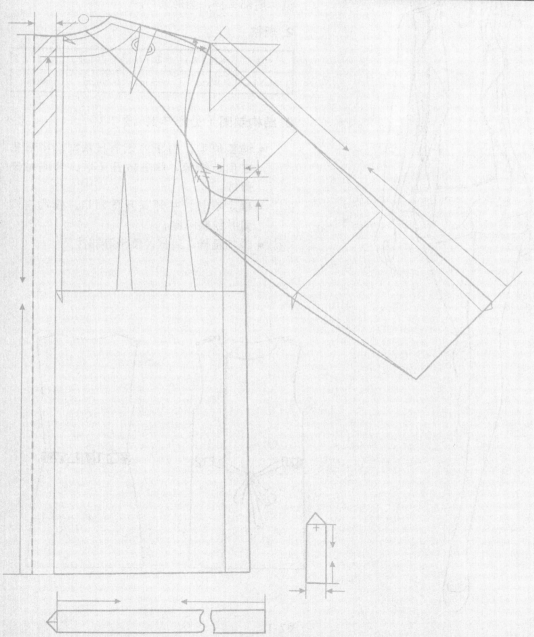

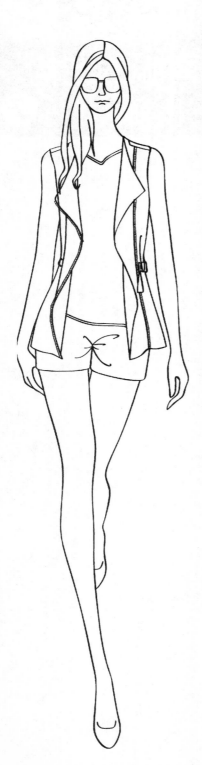

一、款式八十二

1. 款式分析

　　这是一款外穿背心（见图7-1），全身呈直筒型，没有收腰，腰部有系带。宽门襟，有拉链，肩部有袢，圆形领口。

2. 规格

号型	胸围（B）	臀围（H）	腰围（W）	衣长（L）
160/84A	96cm	96cm	96cm	60cm

3. 结构制图（见图7-2，图7-3）

- 调整原型，由于为无省H款型，将肩省在肩点修掉，胸省放开不收，修顺袖笼弧线。
- 确定衣长，并开深开宽领口，确定搭门量并绘制门襟。
- 添加腰袢，肩袢，腰带等部件。

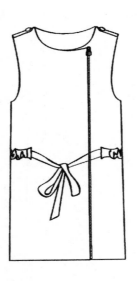
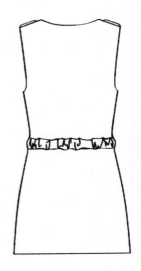

图7-1

214

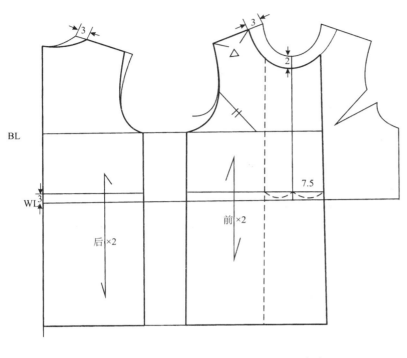

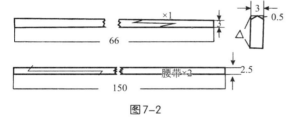

图7-2

图7-3

① 道转移变化 衣身原型与省

② 结构设计 半身裙的

③ 结构设计 连衣裙的

④ 单衣 结构 设计

⑤ 外构套设计结

⑥ 大构衣设的计结

❼ 背心 构设的计结

⑧ 裤子构设的计结

附录 化式原型 日本文

二、款式八十三

1. 款式分析

此款背心无后片背心（见图7-4），两开身，较为合体。前片的肩部在脖子处重合固定，后背只有一条腰带固定。

2. 规格

号型	衣长（L）	前衣长
160/84A	36cm	38cm

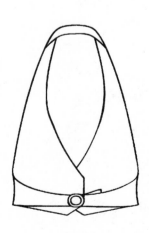

图7-4

3. 结构制图（见图 7-5）

- 原型转移方法同款式五十九。

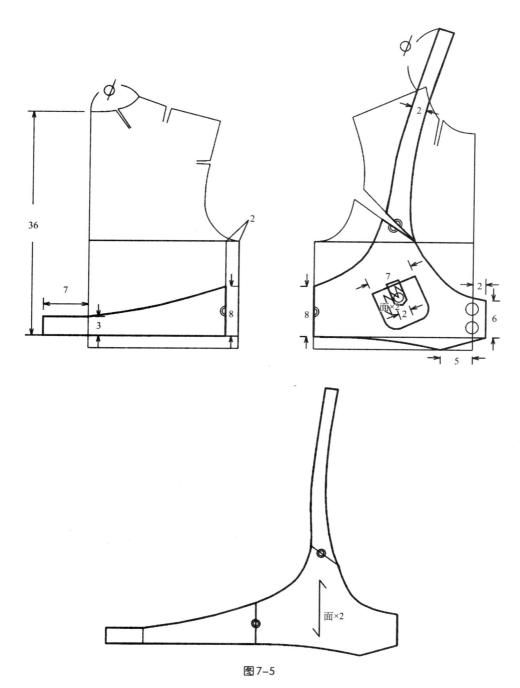

图7-5

三、款式八十四

1. 款式分析

这是一款中长款背心（见图7-6），整体呈H廓形，左右对称，前片胸部有插袋，腰侧有贴袋。领子为青果领。

2. 规格

号型	胸围（B）	臀围（H）	腰围（W）	衣长（L）	领宽
160/84A	96cm	95cm	94cm	78cm	7cm

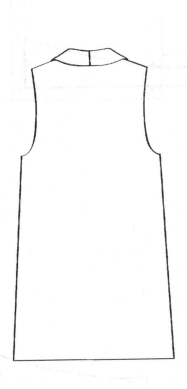

图7-6

3. 结构制图（见图 7-7，图 7-8）

- 调整原型，修顺袖笼弧线。
- 后片去掉肩省，修顺袖笼弧线，延长下摆为衣长腰部向里收。
- 前片画出插袋和贴袋，腰部向里收。
- 根据驳领的画法画出驳领。最后分解样片得到最终纸样。

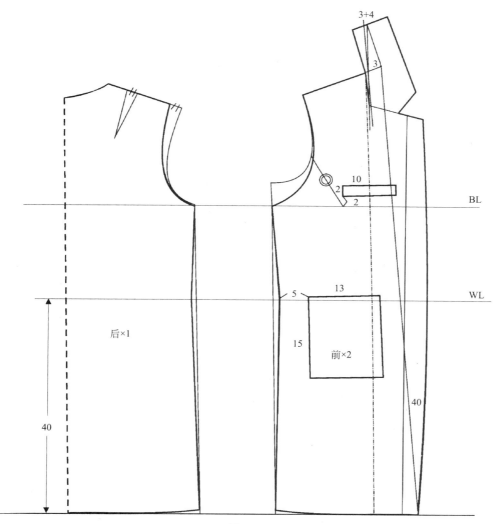

图7-7

① 道转移变化衣身原型与省

② 结构设计半身裙的

③ 连衣裙结构设计的

④ 单衣结构设计

⑤ 外套结构设计的

⑥ 大衣结构设计的

⑦ 背心结构设计的

⑧ 裤子结构设计的

附录 化式原型日本文

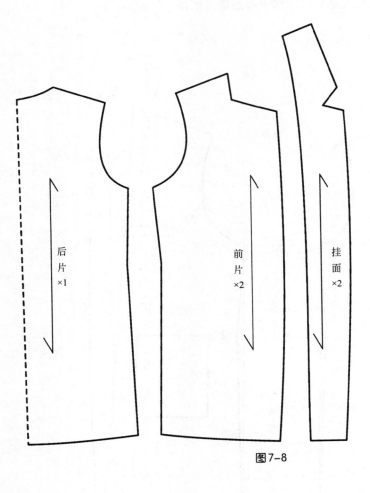

后片 ×1

前片 ×2

挂面 ×2

领子×2

胸袋×2

口袋 ×2

图7-8

1. 款式分析

此款背心前后采用不同的面料制成，后片为纱质面料，产生柔和的褶皱（见图7-9）。

2. 规格

号型	衣长（L）
160/84A	42cm

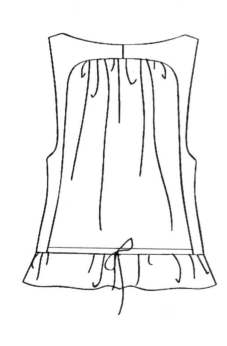

图7-9

3. 结构制图（见图 7-10）

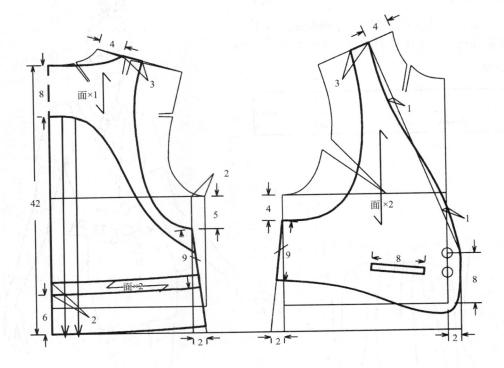

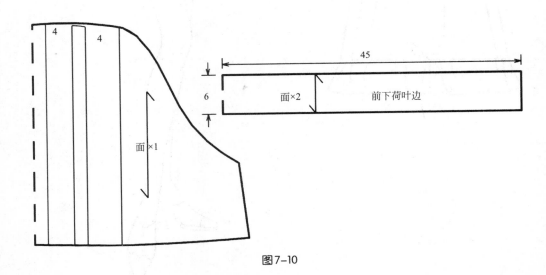

图 7-10

五、款式八十六

1. 款式分析

　　这款为修身外穿短款背心（见图7-11），前后片均有育克分割和纵向分割线，后者具有收省的功能，胸部有口袋。领子为连体企领。

2. 规格

号型	胸围 （B）	腰围 （W）	衣长 （L）	袋口	领宽
160/84A	96cm	74cm	43cm	10cm	6cm

3. 结构制图（见图7-12）

- 放置原型，后片去掉肩省，修顺袖笼弧线，画出腰省，加长下摆为衣长，画出分割线，侧缝收省。
- 画出前片腰省和分割线，画出门襟，合并胸省。画出衣长，侧缝收省。
- 根据翻领的画法画出领子。绘制口袋等部件。
- 分解样片得最终纸样。

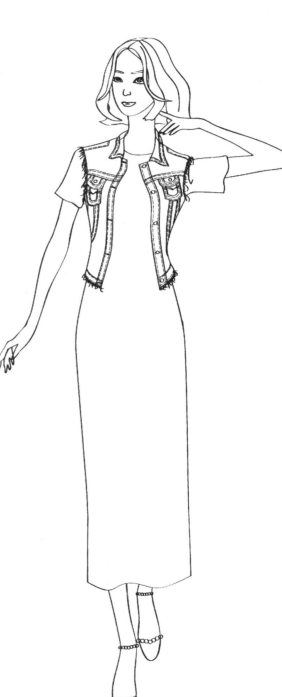

图7-11

① 道转移变化 衣身原型与省

② 结构设计 半身裙的

③ 结构设计 连衣裙的

④ 单衣结构设计

⑤ 外套的结构设计

⑥ 大衣的结构设计

❼ 背心的结构设计

⑧ 裤子的结构设计

附录 化式日本原型文

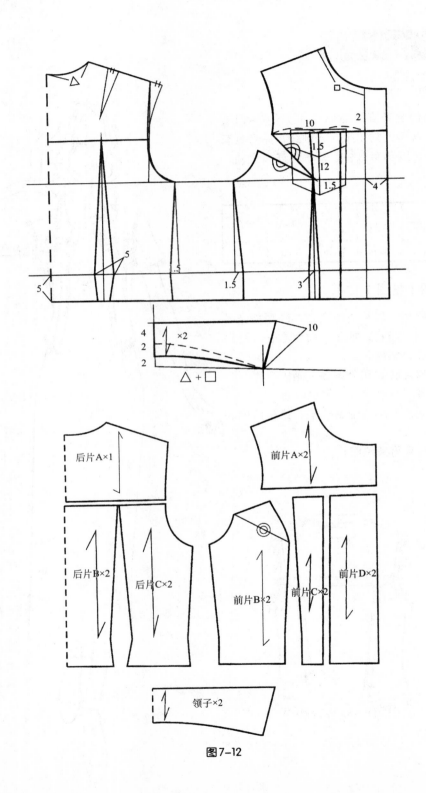

图7-12

六、款式八十七

1. 款式分析

此款背心为三开身（见图7-13），侧面的面料与前后不相同。此款背心较为合体，门襟没有重合。

2. 规格

号型	衣长（L）	前衣长
160/84A	36cm	45cm

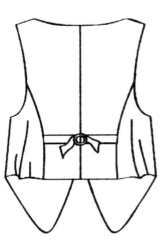

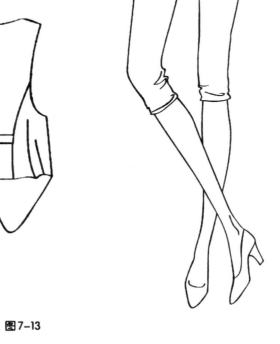

图7-13

① 遍 转 移 变 化
衣 身 原 型 与 省

② 结 构 设 计
半 身 裙 的

③ 结 构 设 计
连 衣 裙 的

④ 单 构 设 计
衣 结

⑤ 外 构 套 设 计 结

⑥ 大 构 衣 设 的 计 结

❼ 背 构 心 设 的 计 结

⑧ 构 裤 设 子 计 的 结

附 录 化 式 原 型 日 本 文

3. 结构制图（见图7-14，图7-15）

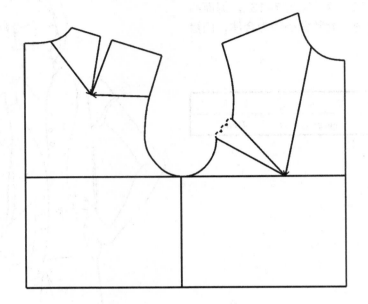

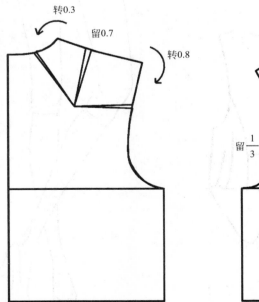

转0.3

留0.7

转0.8

留$\frac{1}{3}$

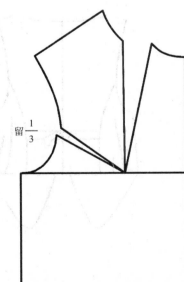

图7-14

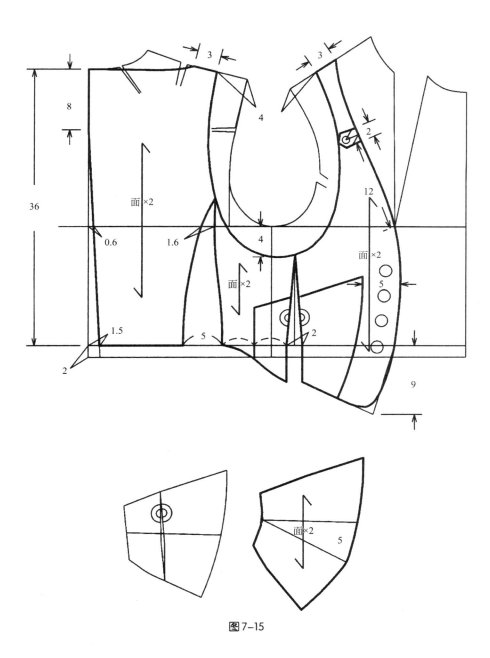

图 7-15

① 衣身原型与省
转移变化

② 半身裙的
结构设计

③ 连衣裙的
结构设计

④ 单衣结
构设计

⑤ 外套的结
构设计

⑥ 大衣的结
构设计

❼ 背心的设
结构设计

⑧ 裤子的结
构设计

附录 日本文
化式原型

面×2
面×2
面×2
面×2

36
8
3
3
4
2
12
0.6
1.6
4
5
1.5
2
2
5
2
9
5

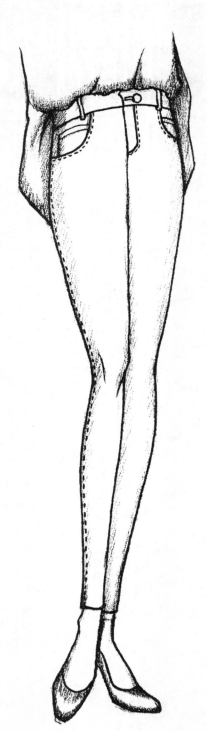

一、款式八十八

1. 款式分析

此款为铅笔裤裤型的牛仔裤（见图8-1）。裤子脚口较小，低腰。裤子采用低弹面料，因此结构设计上臀围没有给松量，利用面料弹性满足人体运动。

2. 规格

号型	腰围（W）	臀围（H）	裤长（L）	腰宽	脚口围	上裆
160/64A	76cm	90cm	96cm	3cm	32cm	25.5cm

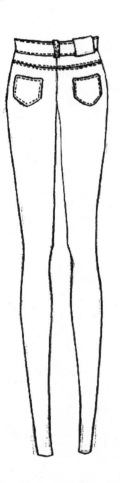

图8-1

3. 结构制图（见图 8-2，图 8-3）

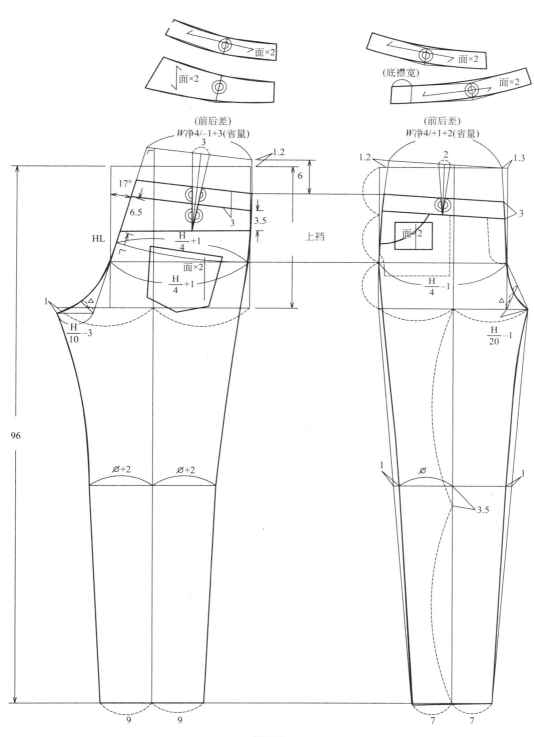

图 8-2

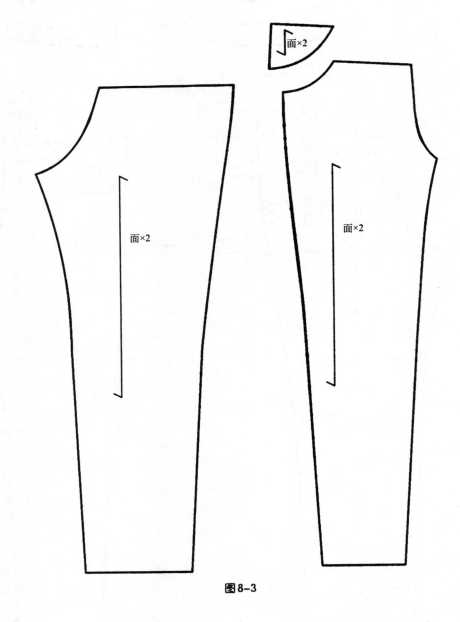

图8-3

二、款式八十九

1. 款式分析

此款裤子较为合体（见图8-4），在前中处有放开的褶裥，形成设计的趣味性。

2. 规格

号型	腰围（W）	臀围（H）	裤长（L）	上裆	腰宽	脚口围
160/68A	68cm	94cm	96m	25.5cm	3cm	32cm

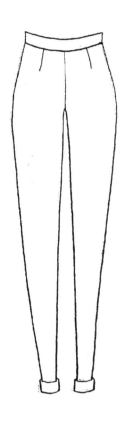

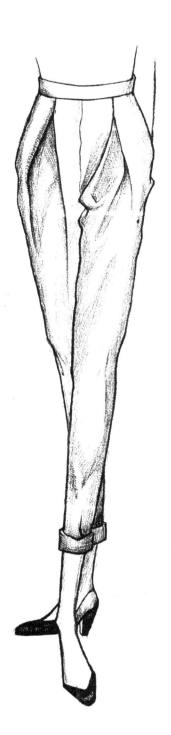

图8-4

3. 结构制图（见图 8-5，图 8-6）

① 衣身原型与省道转移变化

② 半身裙的结构设计

③ 连衣裙的结构设计

④ 单衣结构设计

⑤ 外套的结构设计

⑥ 大衣的结构设计

⑦ 背心的结构设计

⑧ 裤子的结构设计

⑨ 附录 日本文化式原型

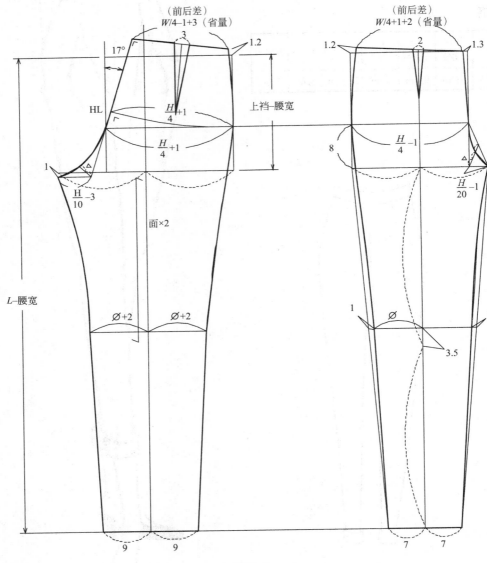

图8-5

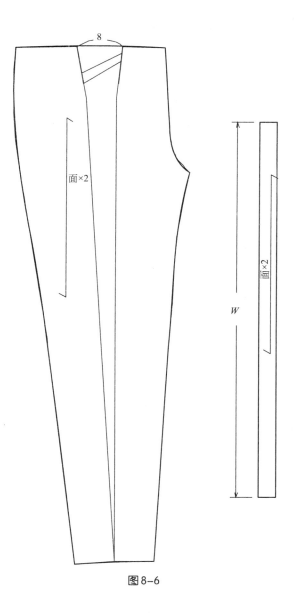

图8-6

① 衣身原型与省 道转移变化

② 半身裙的 结构设计

③ 连衣裙的 结构设计

④ 单衣 结构设计

⑤ 外套的结 构设计

⑥ 大衣的结 构设计

⑦ 背心的结 构设计

⑧ 裤子的结 构设计

附 录 日本文 化式原型

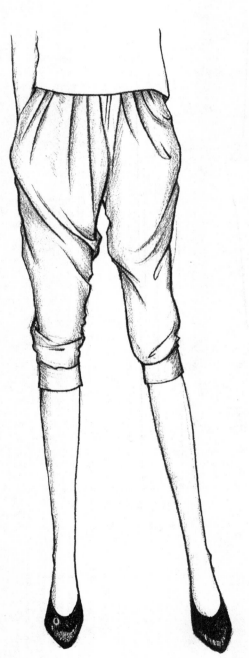

三、款式九十

1. 款式分析

此款为低裆哈伦裤（见图8-7）。裤子采用悬垂性强的低弹针织面料。裤子前中与后中有大量褶裥，宽松舒适。

2. 规格

号型	腰围（W）	臀围（H）	裤长（L）	上裆	腰宽	脚口围
160/68A	68cm	150cm	70cm	25.5cm	3cm	32cm

3. 结构制图（见图8-8 ~ 图8-10）

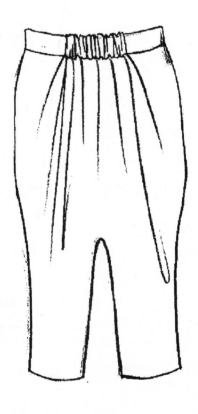

图8-7

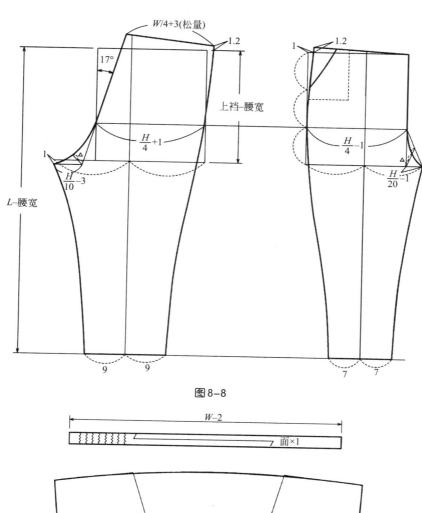

图8-8

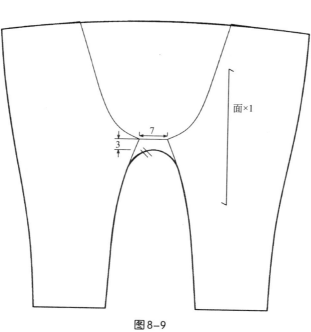

图8-9

① 衣身原型与省道转移变化

② 半身裙结构设计

③ 连衣裙结构设计

④ 单衣结构设计

⑤ 外套结构设计

⑥ 大衣结构设计

⑦ 背心结构设计

⑧ 裤子结构设计

附录 化式日本文原型

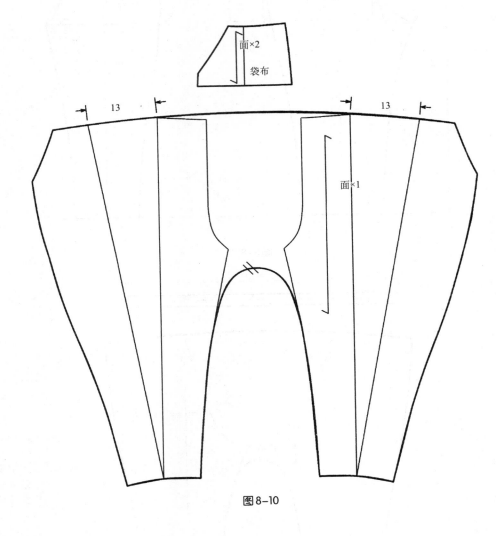

面×2

袋布

13

13

面×1

图8-10

四、款式九十一

1. 款式分析

此款为夏季短裤（见图8-11），前片有两贴袋，腰上装松紧带。

2. 规格

号型	腰围（W）	臀围（H）	裤长（L）	腰宽	上裆
160/66A	66cm	96cm	35cm	3cm	25.5cm

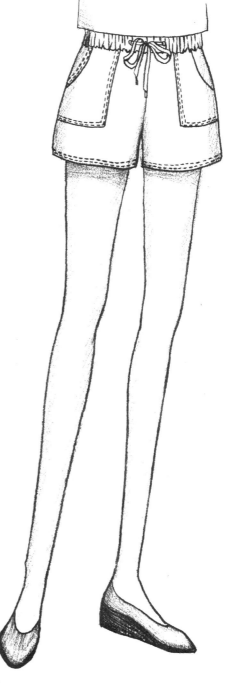

图8-11

① 道转移变化衣身原型与省

② 结构设计半身裙的

③ 结构设计连衣裙的

④ 构设计单衣结

⑤ 外套的结构设计

⑥ 大衣的构设计结

⑦ 背心的构设计结

⑧ 裤子的结构设计

附录 化式原型日本文

3. 结构制图（见图 8-12）

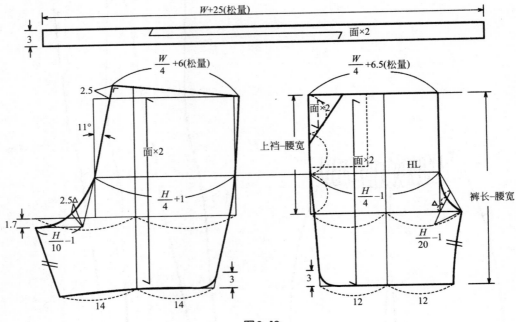

图8-12

五、款式九十二

1. 款式分析

此款为低腰喇叭牛仔裤（见图8-13）。裤子采用低弹面料，因此结构设计上臀围没有给松量，利用面料弹性满足人体运动。

2. 规格

号型	腰围（W）	臀围（H）	裤长（L）	腰宽	脚口围	上裆
160/64A	76cm	90cm	103cm	6cm	44cm	25.5cm

3. 结构制图（见图 8-14）

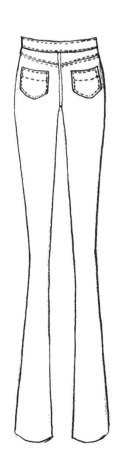

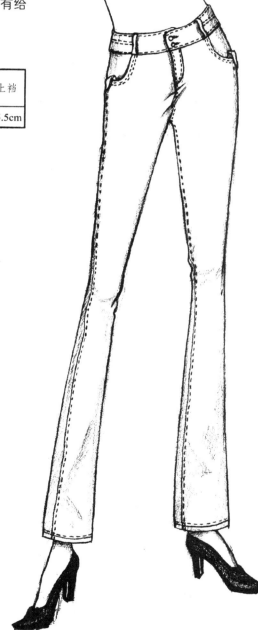

图8-13

① 道转移变化与省衣身原型
② 结构设计半身裙的
③ 结构设计连衣裙的
④ 单构衣结设计
⑤ 外构套设计的结
⑥ 大构衣的设计结
⑦ 背构心设计的结
⑧ 裤构子设计的结
附录 化式日本原型文

① 衣身原型与省道转移变化

② 半身裙的结构设计

③ 连衣裙的结构设计

④ 单衣结构设计

⑤ 外套的结构设计

⑥ 大衣的结构设计

⑦ 背心的结构设计

⑧ 裤子的结构设计

附 录 日本文化式原型

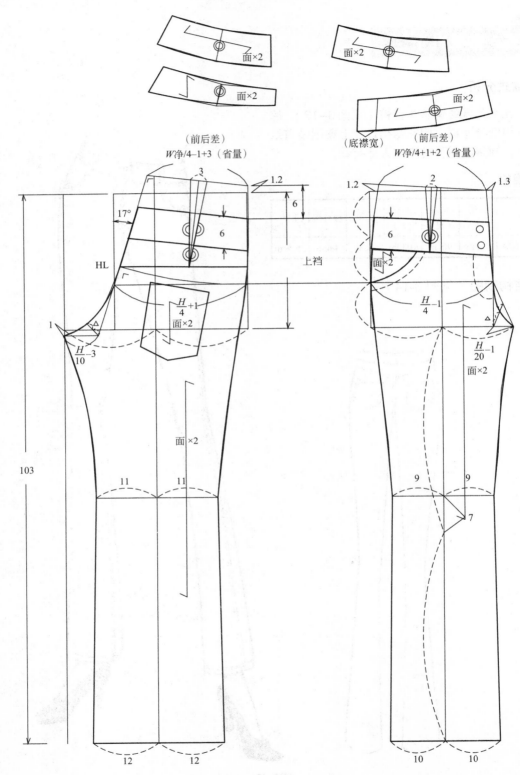

图8-14

六、款式九十三

1. 款式分析

此款裤子（见图8-15）在前中有发散型褶裥，形成前腹部的设计亮点。裤型为紧身直筒裤。

2. 规格

号型	腰围 （W）	臀围 （H）	裤长 （L）	腰宽	脚口围	上裆
160/68A	68cm	94cm	98cm	6cm	34cm	25.5cm

3. 结构制图（见图8-16～图8-18）

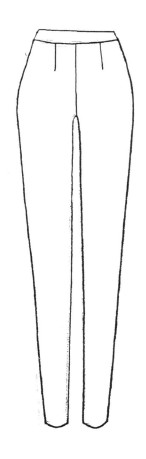

图8-15

① 衣身原型与省·这裤移变化

② 半身裤的结构设计

③ 连衣裤的结构设计

④ 单衣结构设计

⑤ 外套的结构设计

⑥ 大衣的结构设计

⑦ 背心的结构设计

⑧ 裤子的结构设计

附录 化式原型·日本文

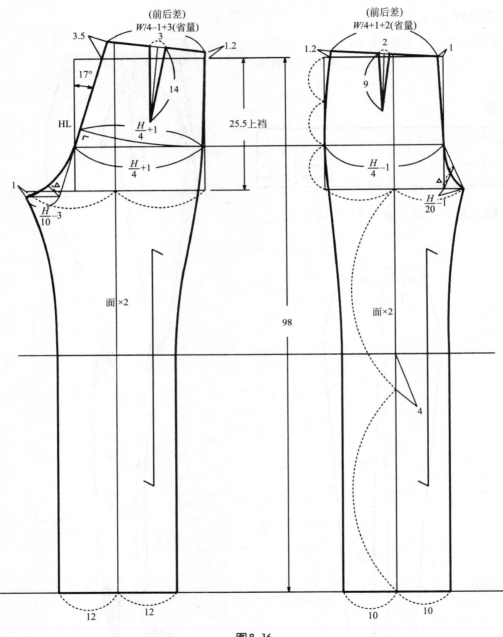

(前后差)
W/4−1+3(省量)

(前后差)
W/4+1+2(省量)

图8−16

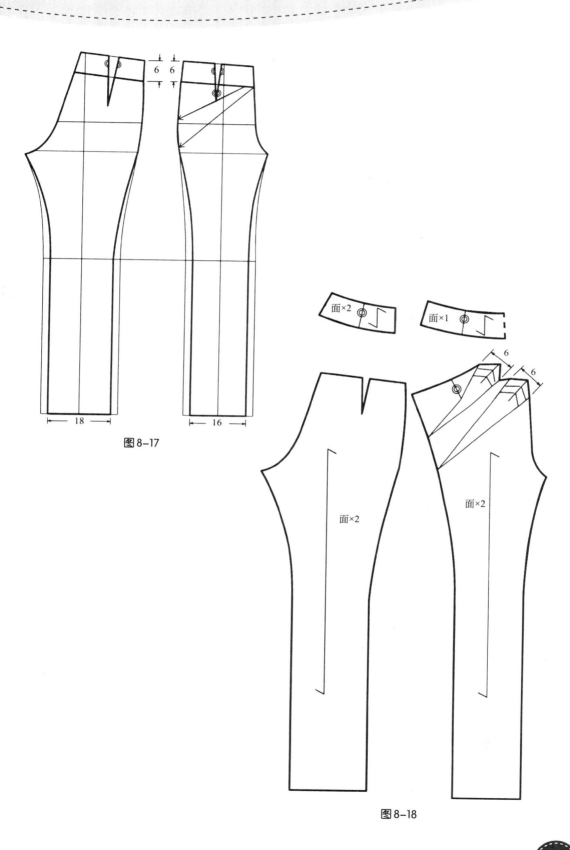

图8-17

面×2

面×1

面×2

面×2

图8-18

① 衣身原型与省道转移变化

② 半身裙的结构设计

③ 连衣裙的结构设计

④ 单衣结构设计

⑤ 外套的结构设计

⑥ 大衣的结构设计

⑦ 背心的结构设计

⑧ 裤子的结构设计

附录 日本文化式原型

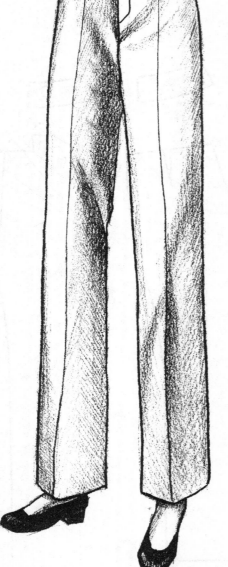

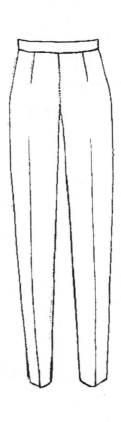

七、款式九十四

1. 款式分析

此款为合体女西裤（见图8-19）。裤口宽松，裤腿呈直线状。臀部以上贴体，腰围上给1cm的松量，臀围给8cm的松量。

2. 规格

号型	腰围（W）	臀围（H）	裤长（L）	上裆	腰宽	脚口大
160/68A	69cm	98cm	103cm	25.5cm	3cm	22cm

图8-19

3. 结构制图（见图 8-20）

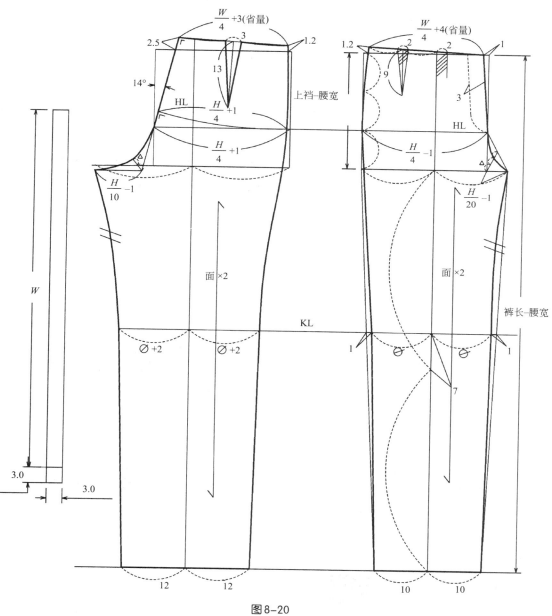

图 8-20

① 衣身原型与省 道转移变化

② 半身裙的设计 结构

③ 连衣裙的设计 结构

④ 单衣设计 结构

⑤ 外套的设计 结构

⑥ 大衣的设计 结构

⑦ 背心的设计 结构

❽ 裤子设计 的结构构

㉿ 文化式日本原型 附录

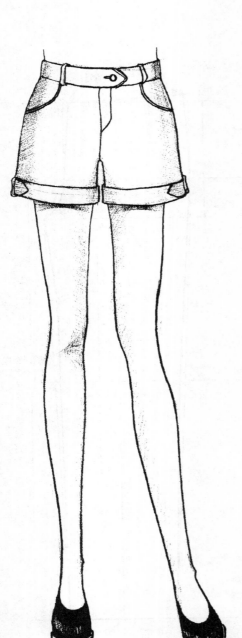

八、款式九十五

1. 款式分析

此款为低腰短裤（见图8-21），臀部与腰部分十分贴体，臀围给3cm的松量，符合现在的流行潮流。腰线低于人体的腰围线。裤子长度在大腿处，显得休闲凉爽。

2. 规格

号型	腰围（W）	臀围（H）	裤长（L）	腰宽	脚口围
160/64A	78cm	93cm	22.5cm	3cm	50cm

3. 结构制图（见图8-22）

图8-21

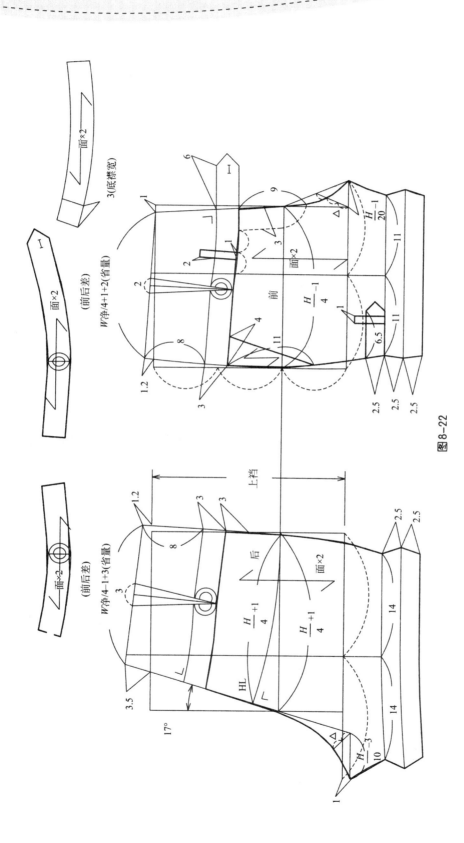

图8-22

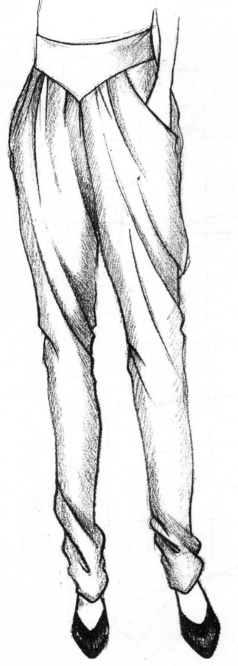

九、款式九十六

1. 款式分析

此款为锥形裤（见图8-23），在臀部上做了扇形展开，夸张臀部造型。低腰款，小腿部合体，脚口很小。整体呈现嘻哈的风格。

2. 规格

号型	腰围（W）	臀围（H）	裤长（L）	脚口围
160/66A	74cm	93cm	100cm	30cm

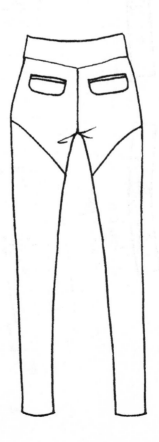

图8-23

3. 结构制图（见图 8-24，图 8-25）

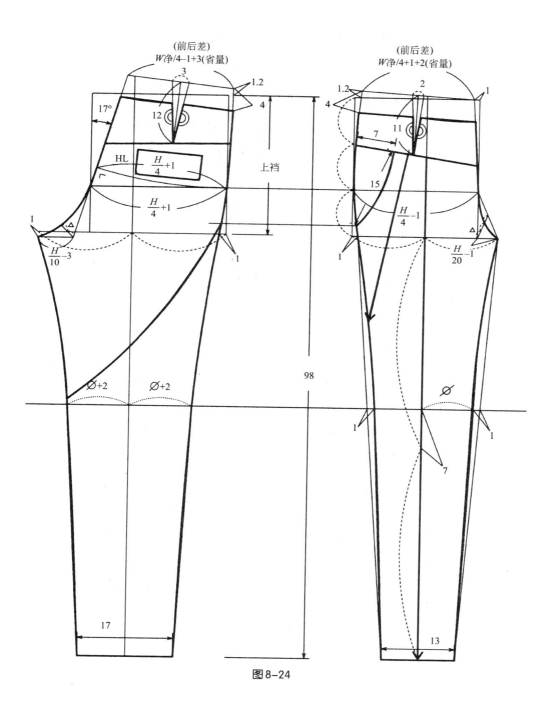

图 8-24

①
道转衣移身变原化型与省

②
结半构身设裙计的

③
连结衣构裙设的计

④
单构衣设结计

⑤
外构套设的结计

⑥
大构衣设的结计

⑦
青构心设的结计

⑧
裤构子设的计结

附录
化式原型日本文

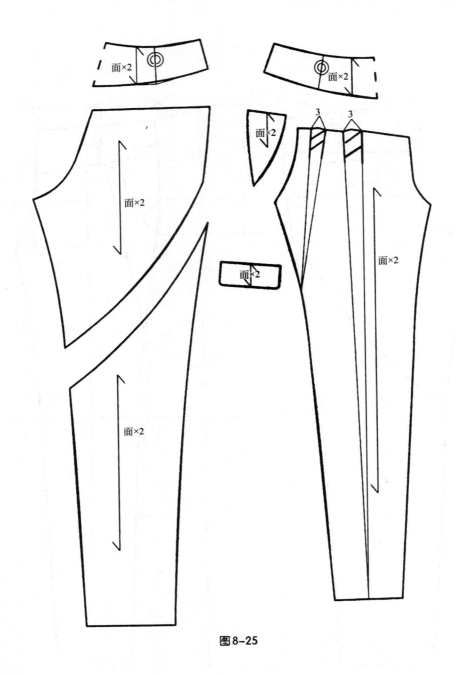

面×2

面×2

面×2

3 3

面×2

面×2

面×2

图8-25

1. 款式分析

此款为休闲针织裤（见图8-26），腰上为螺纹松紧，可调整腹部松量，因此腰围没有松量。臀围松量较大，便于活动。

2. 规格

号型	腰围（W）	臀围（H）	裤长（L）	腰宽	脚口围
160/68A	68cm	98cm	100cm	3.5cm	48cm

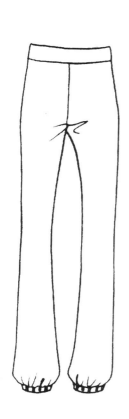

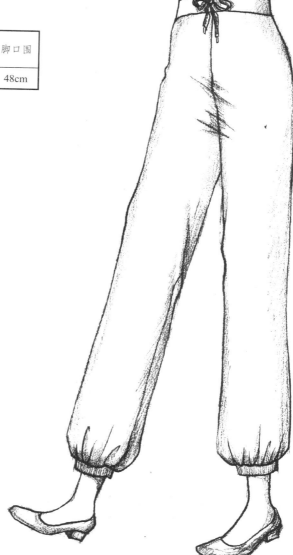

图8-26

3. 结构制图（见图 8-27）

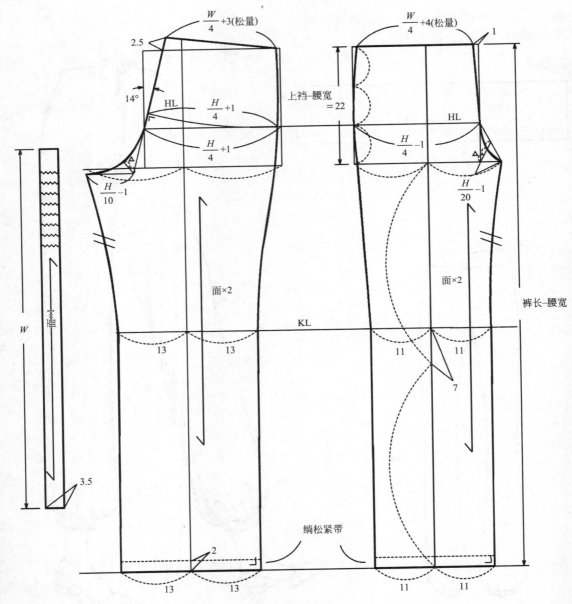

图 8-27

十一、款式九十八

1. 款式分析

此款为休闲阔腿短裤（见图8-28），整体宽松，臀围给出8cm的松量，便于夏季透气与运动。腰上系带，又显浪漫。

2. 规格

号型	腰围（W）	臀围（H）	裤长（L）	腰宽
160/68A	69cm	98cm	41cm	3cm

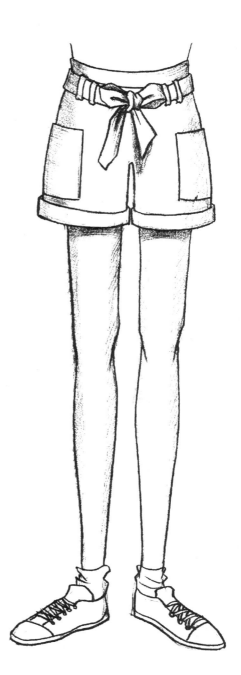

图8-28

3. 结构制图（见图 8-29）

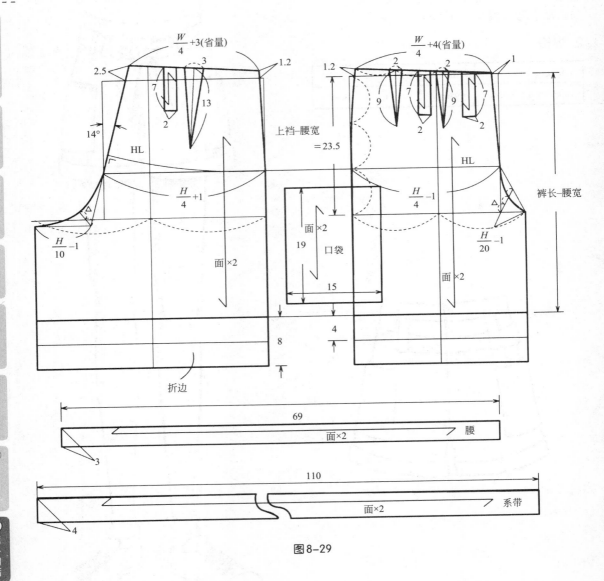

图8-29

十二、款式九十九

1. 款式分析

　　此款裤子为大喇叭裤（见图8-30）。裤前腰用育克分割转移腰省，后片用松紧带收腰。

2. 规格

号型	腰围（W）	臀围（H）	裤长（L）	脚口大
160/68A	68cm	94cm	99cm	41cm

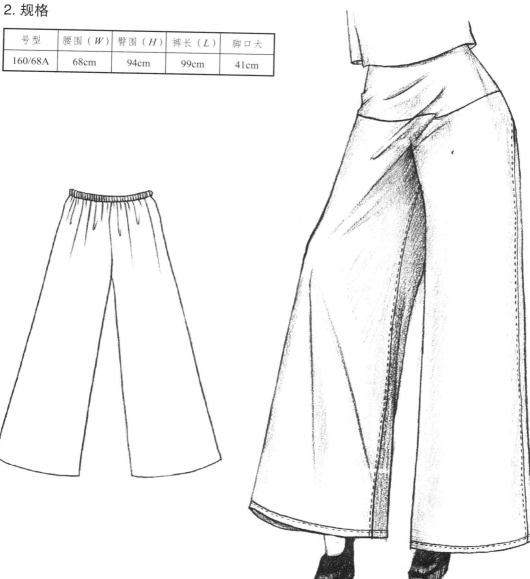

图8-30

① 衣身原型与省 道转移变化

② 半身裙的 结构设计

③ 连衣裙的 结构设计

④ 单衣 结构设计

⑤ 外套的 结构设计

⑥ 大衣的 结构设计

⑦ 背心的 结构设计

⑧ 裤子的 结构设计

附 录 日本文化式原型

3. 结构制图（见图8-31）

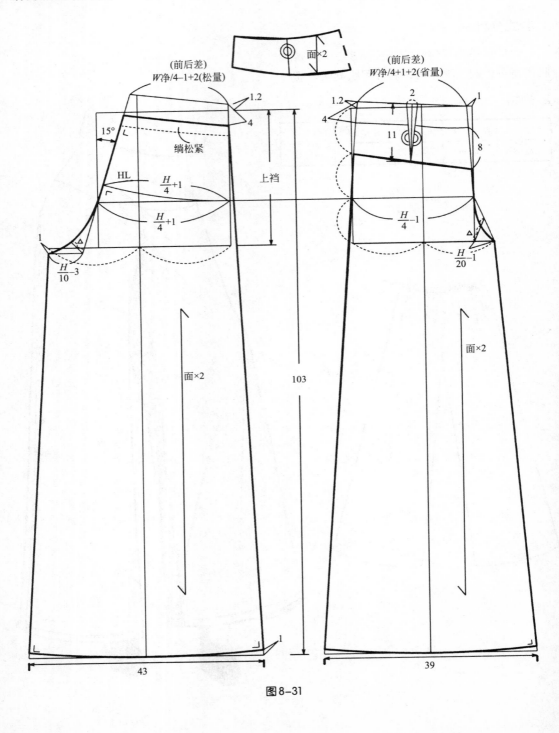

（前后差）
$W净/4-1+2(松量)$

面×2

（前后差）
$W净/4+1+2(省量)$

15°

1.2

4

绱松紧

HL

$\dfrac{H}{4}+1$

$\dfrac{H}{4}+1$

上裆

1

$\dfrac{H}{10}-3$

面×2

1.2

4

2

11

1

8

$\dfrac{H}{4}-1$

$\dfrac{H}{20}-1$

面×2

103

1

43

39

图8-31

十三、款式一百

1. 款式分析

此款阔腿裤（见图8-32），臀部与腰部分较贴体，分割线以下是宽松的裤腿，裤子为九分裤。

2. 规格

号型	腰围（W）	裤长（L）
160/68A	68cm	90cm

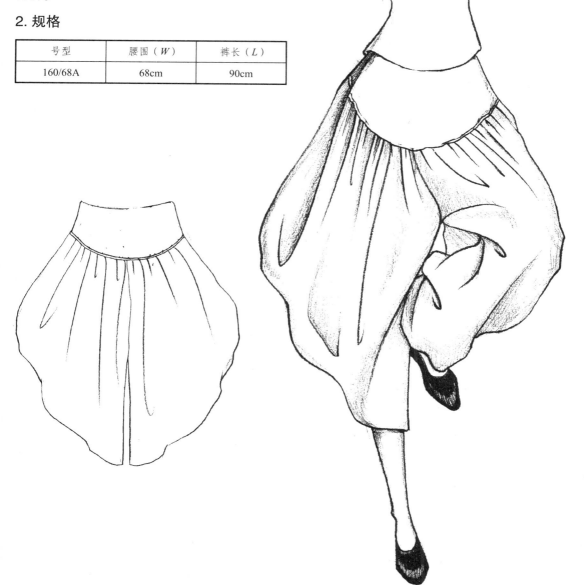

图8-32

3. 结构制图（见图 8-33，图 8-34）

● 以款式九十四为基础板型变化。

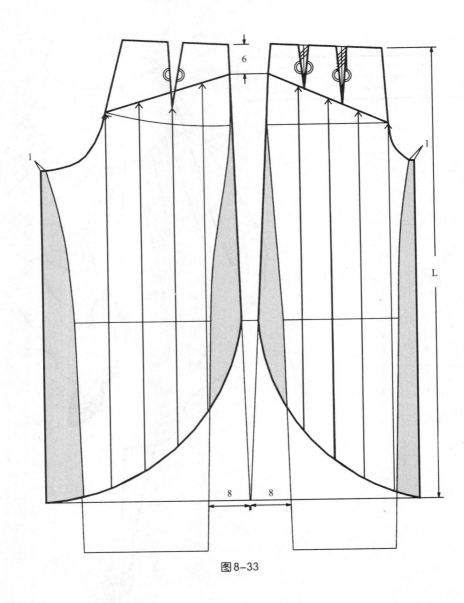

图 8-33

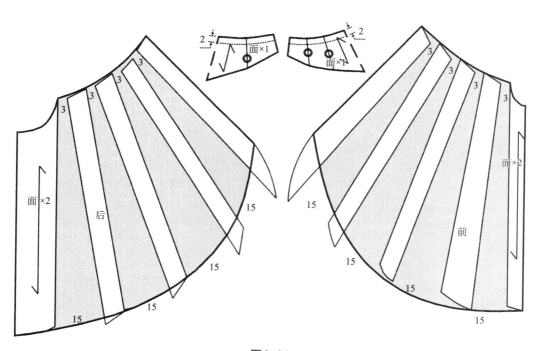

图 8-34

① 衣身原型与省道转移变化

② 半身裙的结构设计

③ 连衣裙的结构设计

④ 单衣结构设计

⑤ 外套的结构设计

⑥ 大衣结构设计

⑦ 背心的结构设计

⑧ 裤子的结构设计

附录 化式原型日本文

①
衣身原型与省
道转移变化

②
半身裙的
结构设计

③
连衣裙的
结构设计

④
单衣结
构设计

⑤
外套的
构设计结

⑥
大衣的
构设计结

⑦
背心的
构设计结

⑧
裤子的
构设计结

附录
日本文
化式原型

一、原型各部位名称和省道

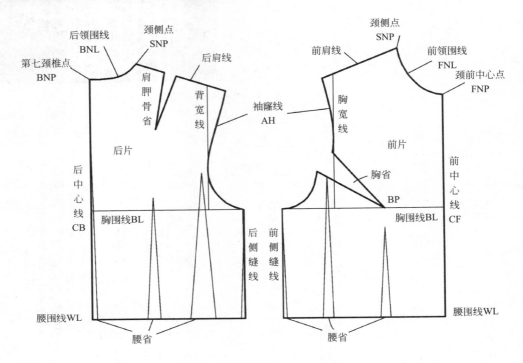

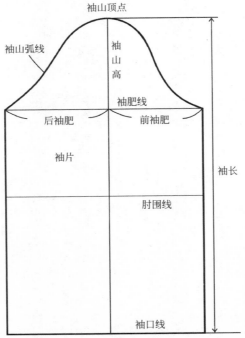

二、衣身原型制图

（一）使用尺寸

号型	胸围（B）	背长	腰围（W）
160/84A	84cm	38cm	68cm

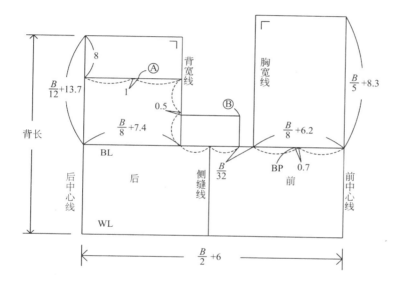

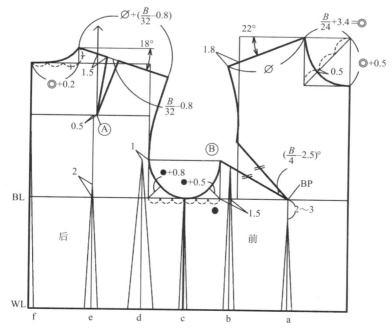

① 衣身原型与省 通转移变化

② 半身裙设计 结构的

③ 连衣裙设计 结构的

④ 单衣设计 构结

⑤ 外套设计 构的结

⑥ 大衣设计 构的结

⑦ 背心设计 构的结

⑧ 裤子设计 构的结

附录 化式日本原文型

（二）总省量的计算与腰省分配

$$总省量 = \frac{B}{2} + 6 - \left(\frac{W}{2} + 3\right)$$

总省量	f	e	d	c	b	a
100%	7%	18%	35%	11%	15%	14%

（三）衣身原型的修正

- 合并后肩胛骨省道，修正领口与袖窿曲线，使之圆顺。
- 合并前胸省，修正前袖窿曲线，使之圆顺。

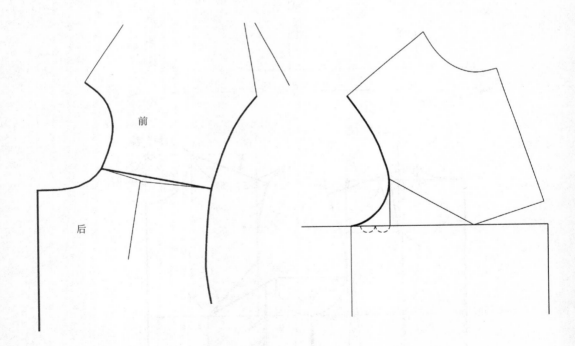

三、袖原型制图

（一）使用尺寸

号型	袖长
160/84A	50.5cm

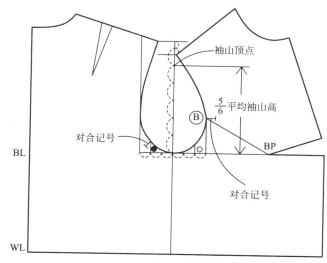

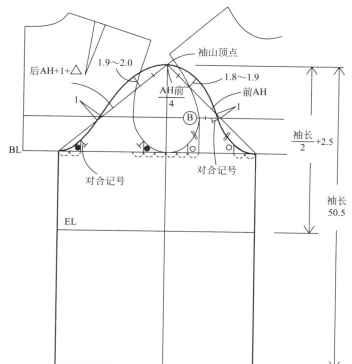

（二）后袖山辅助线的修正

表　后袖山辅助线中的△的值　　　　　　（单位：cm）

B	77 ~ 84	85 ~ 89	90 ~ 94	95 ~ 99	100 ~ 104
△	0.0	0.1	0.2	0.3	0.4

（三）袖山的缩缝量

袖山弧线比袖窿弧线长7%～8%左右，是缩缝量，为装袖所留，使衣袖外形富有立体感。

① 衣身原型省道转移变化与

② 半身裙的结构设计

③ 连衣裙的结构设计

④ 单衣结构设计

⑤ 外套的结构设计

⑥ 大衣的结构设计

⑦ 背心的结构设计

⑧ 裤子的结构设计

附录 日本文化式原型